이렇게나
재밌는
홍차

이렇게나 재미있는 홍차

후지에다 리코 지음
김민정 옮김

어른의 취미에서
교양의 완전체로

티인의사유

홍차 좋아해?

나랑 홍차는
상관이 없어.
홍차는 일 년에 한 번
마실까 말까 한 음료 아닌가?
홍차는 여성들이
취미로 즐기는 거지.
커피가 최고지!
무슨 소리?
역시 녹차가 최고라니까!
홍차는 와인보다
역사가 짧지 않아?

혹시 홍차에 대해 이렇게 생각하고 있어?

그런데도 이 책을 읽기로 했다면 정말 고마워.

홍차는 오감으로 즐기는 '교양의 완전체'야.

홍차를 통해 역사, 문화, 건축, 예술, 매너 등등 모든 교양을 배울 수 있어.

지금부터 홍차에 얽힌 재미있고 유익한 이야기들을 소개할 거야.

이 책 한 권이면, 어디서든 홍차에 대해

지적인 대화를 이어나갈 수 있을 거야.

녹차
홍차
우롱차

참, 녹차와 우롱차는 마시는데 홍차는 안 마시는 사람 있어?
그런데, 녹차, 우롱차, 홍차는 모두 차(茶)야.
'홍차 나무'와 '녹차 나무'가 따로 있는 것이 아니라
홍차, 녹차, 우롱차 모두 같은 차 가족이야.
이 모든 차는 같은 나무의 잎으로 만들어.
자세한 내용은 뒤에서 설명할게.
우선 옆 그림을 머릿속에 기억하고 있어!

그럼 홍차에 관한 이야기를 시작해볼게.
향기로운 홍차 한잔과 함께하면
이 시간이 더 행복할 거야.

Contents

Prologue 018

Chapter 1

이렇게나 유용한 홍차

그들이 홍차에 매료된 이유

차가 지닌 두 가지 힘 026

경영의 신이 깨달은 차의 정신적 효능 029

다도에 매료된 사람들 032

Column 모리타 아키오에서 스티브 잡스로 계승된 미니멀리즘 034

실리콘밸리에서 주목한 차의 물질적 효능 036

차를 통해 교양과 품위를 배우다 039

뉴 노멀 시대를 살아가는 어른의 취미 042

알아두면 쓸모 있는 차 기초 지식 045

Break Time 차꽃은 애물단지? 047

Chapter 2

이렇게나 흥미로운 찻잔 속 세계사

중국과 일본의 차 역사

찻잔 속 역사 EP 0. 차의 시작 | 5,000년 전 차와 인류가 만나다 056

Break Time 차나무의 발상지 058

찻잔 속 역사 EP 1. 중국 | 불로장생의 약, 차가 문화가 되기까지 060

제1기 기원전~삼국 시대~남북조 시대: 약에서 기호품으로
제2기 당나라~송나라 시대: 끽다 붐이 불다, 먹는 차에서 마시는 차로
제3기 명나라~청나라 시대: 차 무역의 전성기 그리고 홍차로

Break Time BMW에 버금가는 고급 차의 가치 064

Column 사치스러움의 대명사, 단차의 오늘 066

찻잔 속 역사 EP 2. 일본 | 일본차와 다도의 발상 068

제1기 나라~헤이안 시대: DNA 분석을 통해 밝혀진 뿌리
제2기 가마쿠라 시대: 차 붐을 일으킨 차의 시조, 에이사이
제3기 남북조 시대: 도박이 된 차
제4기 무로마치 시대: 무사들의 소양이 된 차
제5기 에도 시대: 센차의 고향

Column 일본차 탄생의 아버지, 야마모토야마 078

Chapter 3

이렇게나 흥미로운 찻잔 속 세계사

영국의 차 역사

찻잔 속 역사 EP3. 영국 | 홍차와 애프터눈 티의 나라 082

제1기 17세기 대항해 시대 ①: 동인도회사와 차 083

제2기 17세기 대항해 시대 ②: 왕족과 귀족들을 열광시킨 일본의 녹차 085

궁정에 끽다 문화를 가져온 영국왕의 바람기
시누아즈리 다회를 트렌드로 격상한 앤 여왕

제3기 17세기~18세기 전반: 단숨에 꽃핀 홍차 비즈니스 092

증권거래소와 보험회사로 발전한 커피하우스

Column 홍차는 배 바닥에서 발효되면서 우연히 탄생했다? 095

영국 홍차 역사의 산증인, 트와이닝

제4기 18세기 후반~19세기: 차 전쟁의 발발, 영국의 홍차 스파이 작전 101

치솟는 차 세금과 악덕 상행위

Break Time 보석처럼 귀한 차 103

세계사를 뒤흔든 사건의 진상 ①: 보스턴 차 사건
세계사를 뒤흔든 사건의 진상 ②: 아편 전쟁
홍차 스파이가 목숨을 걸고 빼내 온 차나무
미션 하나. 중국에서 몰래 차나무를 훔쳐라
미션 둘. 차나무를 '안전하게' 인도로 운반하라

Column 투자 대상이 된 희소 식물 112

제5기 19세기: 영국 홍차 문화의 진수, 애프터눈 티의 탄생 114

홍차 나라의 열쇠를 쥔 절대금주주의운동
애프터눈 티의 탄생과 정치가의 파벌 파티
영국 귀족들이 동경했던 일본풍 취미, 자포니즘
또 하나의 티파티, 페미니즘 티파티

제6기 20세기~현재: 홍차가 맺어준 영국과 일본 그리고 전쟁 124

홍차를 제일 처음 마신 일본인
개화의 서막과 일본의 홍차 역사
전장에서의 티타임

Break Time 러시아 우크라이나 전쟁과 홍차 129

전후, 변화하는 일본의 홍차 문화

Column 홍차 왕 립톤이 세상에 알린 철학 133

영화로 배우는 홍차 138

Chapter 4

이렇게나 다양한 차 문화

나라별 차 문화의 특징

티로드를 따라 떠나는 차 여행 144

티로드에서 배우는 cha와 tay
실크로드 말고, 매혹적인 티로드 탐험

세계의 차 문화, 영국 | 일곱 가지 티타임을 즐기는 홍차의 나라 147
영국인들도 평소에는 티백 홍차를 마신다
인생 첫 티파티, 세례식 티파티
어린 신사 숙녀들의 티파티, 너서리 티

세계의 차 문화, 러시아 | 로마노프 왕조에서부터 이어지는 홍차 대국 153
러시아에는 러시안 티가 있다
러시아의 홍차 문화를 상징하는 사모바르
사모바르, 상류층의 사치품에서 전 국민의 필수품으로

Break Time 로마노프 왕조의 숨겨진 보물 159
Break Time 러시아와 영국을 이어준 레몬티 160

세계의 차 문화, 프랑스 | 프렌치 스타일로 재탄생한 홍차의 미학 162
루이 14세를 괴롭혔던 통풍
라뒤레, 안젤리나, 포숑, 선풍적인 인기를 끈 '살롱 드 테'
프랑스의 색을 입고 재탄생한 철병

세계의 차 문화, 독일 | 취향과 고집이 고스란히 담긴 독일인의 홍차 사랑 169
왕족과 귀족들을 사로잡은 이마리 도자기

Break Time 다기에 매료된 독일의 왕들 174
오감으로 즐기는 예술적인 홍차 다례
홍차 비즈니스의 선구자가 되다

세계의 차 문화, 튀르키예 | 동서양 문화의 교차점, 튀르키예의 차이 178
튀르키예의 주요 재배 작물은 커피 아닌 홍차
대접하는 것을 중시하는 튀르키예

세계의 차 문화, 모로코 | 격하게 쌉싸름하고 격하게 달콤한, 민트티의 나라 182
한번 빠지면 헤어 나오지 못하는 그 맛
다도와 닮은 모로칸 티 세리머니

세계의 차 문화, 인도 | 태양이 작열하는 나라에서 탄생한 차이 188
홍차 대국 인도의 자랑, 스파이스 차이

마신 후에는 그릇을 깨뜨리다
세계의 차 문화, 티베트 | 유목민들에게 오아시스가 되어주는 버터차 193
강렬한 향도 익숙해지면 맛있다
세계의 차 문화, 홍콩 | 동양과 서양이 융합된 차 문화 196
우유를 넣지 않는 홍콩식 밀크티
홍차와 커피를 섞은 이색적인 음료
세계의 차 문화, 대만 | 향수를 불러일으키는 다예관에서 버블티 붐까지 200
최고의 우롱차는 대만에 있다
Column 동글동글 입안이 즐거운 타피오카 밀크티 204
세계의 차 문화, 중국 | 끽다 문화의 초석을 다지다 206
지역마다 다른 중국의 차 문화
산토리의 히트 전략
재탄생하는 끽다 문화
Column 중국을 대표하는 7가지 차 211

Chapter 5

이렇게나 재밌는 홍차

품종과 브랜드에 담긴 홍차 이야기

홍차와 와인의 공통점 216
탁월한 홍차의 선택, 티 셀렉션 읽는 법 219
STEP 1. 홍차 진열장을 떠올려라
STEP 2. 홍차의 등급을 파악하라
Break Time 오렌지 페코의 유래 223
세계 3대 홍차 1 | 세계 최고의 홍차, 화려한 다르질링의 세계 225
높은 희소성을 지닌 홍차계의 샴페인
신비로운 향의 비밀은 곤충이 갉아 먹은 잎

Break Time 경매에서 최고가를 찍은 고급 홍차 230
세계 3대 홍차 2 | 엘리자베스 2세도 즐겨 마신 기문홍차와 난초 붐 232
필사적으로 갖고 싶어 했던 난초 향
세계 3대 홍차 3 | 인도양의 진주 실론섬의 풍미 가득한 우바 235
그레이 백작이 즐겨 마신 신사의 차, 얼 그레이 238
20세기 홍차 대혁명, 티백의 탄생 241
Break Time 티백의 진화 243
미국에서 탄생한 우연의 산물, 아이스티 244
페어링에 안성맞춤, 심비노 자바티의 부활 246
식사와 함께하는 자바티의 시작
자바티가 롱셀러 상품이 된 이유
Break Time 일등석 탑승객이 즐겨 마시는 보틀 티 250
Column 세계시장 탈환에 도전하는 일본 홍차 251

Chapter 6

이렇게나 맛있는 홍차

상황별로 제안하는 차 스타일

Type 1 | 졸음을 날려버리자, 아침에 마시는 차 254
Break Time 팔방미인, 테아닌 256
Making Tea 테트라형 티백으로 홍차 우리기 257
Type 2 | 다선일미와 마음챙김, 마음을 가다듬고 싶을 때 258
Making Tea 잎차를 우리면서 3분간 차 명상 260
Type 3 | 머리를 맑고 또렷하게, 집중력이 흐트러졌을 때 261
Making Tea 90분에 한 잔씩! 가뿐하게 티백으로 홍차 우리기 263
Type 4 | 스트레스여, 굿바이! 치유가 필요할 때 264

Making Tea 허브티 우리기 266

Break Time 영국인들이 즐겨 마시는 정로환 향 홍차 267

Type 5 | 홍차 폴리페놀의 힘, 감염병을 예방할 때 268

Making Tea 티백으로 구강청정제용 홍차 만들기 271

Type 6 | 티 테이스팅, 맛의 차이가 궁금할 때 272

Making Tea 초간단 티 테이스팅 275

Column 물이 홍차 맛을 결정한다 276

요즘 대세, 홍차 전문점 5 279

Chapter 7

이렇게나 심오한 오후의 홍차

애프터눈 티의 모든 것

홍차를 마시는 모습에 품격이 드러난다 284

우아하게 홍차를 마시는 법 286

문화에 따라 에티켓에도 차이가 있다 290

Column 홍차를 소서에 부어 마셨던 귀부인들 292

우유가 먼저냐 홍차가 먼저냐, 영국의 홍차 논쟁 294

Break Time 찻잔에 흩날리는 먼지의 정체 296

3단 트레이를 이용하는 티 푸드 매너 298

Break Time 애프터눈 티의 아이콘, 3단 트레이 300

마실 것은 오른손으로, 먹을 것은 왼손으로 301

귀족의 최고 사치, 오이 샌드위치 303

Column 샌드위치 백작의 후손이 펼치는 샌드위치 비즈니스 306

영국 왕의 옥좌와 스콘의 상관관계 308

잼이 먼저냐 크림이 먼저냐, 스콘 논쟁 310
애프터눈 티와 하이 티, 이것이 다르다 313
콧수염 절대 지켜! 영국 신사의 애용품, 머스타시 컵 316
서로 닮은 일본의 다도와 영국의 애프터눈 티 319
티 매너가 사람을 완성한다 323

Plus Chapter

이처럼 우아하게

애프터눈 티 옷차림

반드시 정장을 입을 필요는 없다 326
check! 애프터눈 티에 어울리는 옷차림 328
Break Time 비즈니스 슈트, 언제부터 입었을까? 330
드레스 코드의 완성은 구두와 소품 331
티타임이 즐거워지는 특선 도구 7 334

Epilogue 336
참고 문헌 338
권두 부록 | 세계 최고의 차 대국은 어디일까? 전 세계에 하나뿐인 TEA MAP
찻잔 속 세계사, 차 역사 연표

홍차, 오감으로 즐기는 생활 속 종합예술

'홍차는 종합예술'이라는 말이 있다. 이 말에 고개를 갸우뚱하는 사람도 있겠지만, 예술은 미술관 안에서 관람하면서 즐기는 일에만 국한되지 않는다. 영국의 홍차 문화인 애프터눈 티를 예로 들어보자. 애프터눈 티는 그야말로 오감으로 즐기는 생활예술이다. 단순히 맛있는 홍차와 비스킷을 먹는 식도락 문화가 아니라, 건축양식이나 인테리어, 도자기, 은제 그릇, 식기, 침구, 회화, 정원, 음악 등을 종합적으로 맛볼 수 있는 생활 속에 살아 숨 쉬는 예술이다. 한국이나 일본에서 홍차는 주로 여성들이 즐기는 문화라는 인식이 강하지만, 영국에서는 비즈니스맨도 오후의 홍차(애프터눈 티)를 세련되게 즐긴다.

홍차뿐만이 아니다. 일본의 전통문화로 알려진 다도를 떠올려보라. '차노유(茶の湯, 일본의 다도)'는 단지 차만 즐기는 것이 아니라 건축, 장식, 서예, 꽃꽂이, 역사, 철학에서부터 선(禪, 마음을 가다듬고 정신을 통일해 깨달음의 경지에 도달하는 불교 수행법—옮긴이)의 정신에 이르기까지 폭넓은 분야를 총망라하는 종합예술이다.

오래전 아즈치모모야마 시대(일본의 오다 노부나가, 도요토미 히데요시가

천하의 정권을 잡았던 시대—옮긴이)부터 다도는 무사나 상인들이 출세하기 위해 반드시 필요했던 중요한 무기 중 하나였다. 마찬가지로, 영국에서도 홍차와 애프터눈 티에 대한 지식이나 에티켓은 신사와 숙녀라면 반드시 배워야 할 최고급 교양 중 하나로 여겼다.

홍차는 기원전으로 거슬러 올라갈 만큼 역사가 길며, 때론 전 세계가 홍차로 하나가 되기도 한다. 금융 도시 런던에서 활약 중인 경영진들은 티타임을 정치, 사교, 비즈니스 교섭을 위한 장으로 활용한다. 그래서 홍차는 비즈니스를 위한 필수과목이기도 하다. 홍차의 배경에는 나라마다 성장해온 문화, 예술, 종교, 교역의 역사에서부터 식민지 항쟁, 독립 전쟁, 민족과 노예 문제, 정치경제 정세에 이르기까지 글로벌한 식견이 총망라되어 있기 때문이다.

그야말로 우리는 홍차에서 폭넓고 다양한 지식을 배울 수 있다. 예를 들어, 홍차는 세계사에도 막대한 영향을 끼치며 전 세계를 뒤흔들어놓은 전쟁의 방아쇠가 되기도 했다. 요즈음 홍콩의 정세를 보더라도 홍차가 원인이 되어 촉발된 영국과 중국 사이의 전쟁이 여전히 사회에 커다란 영향을 미치고 있다는 것을 알 수 있다. 뿐만 아니라 홍차는 영국과 미국에서 여성의 자립과 페미니즘에도 중요한 역할을 담당했다. 이는 여성해방과 참정권운동으로 발전하면서 역사를 움직였다.

이 같은 현상은 결코 과거의 역사가 아니다. 현재는 과거가 쌓여 만들어지므로, 홍차의 역사와 문화를 배우는 것은 곧 현대 사회를 배우는 일이다.

차는 사람을 잇는 소통의 도구

일상다반사(日常茶飯事)라는 말에서 알 수 있듯이, 차를 마시는 일은 일상생활 속에서 흔히 볼 수 있는 풍경이다. 차는 이 세상에 존재하는 기호음료 중 가장 많이 소비되는 음료로, 매일 약 40억 잔 이상이 소비되고 있다. 물 다음으로 많이 마시는 음료가 차인 셈이다.

국제다업위원회(International Tea Committee, ITC)에 따르면, 2020년 세계 차 생산량은 약 620만 톤을 기록하면서 최고치를 갱신했다. 특히 최근 10년간 성장률은 50퍼센트나 증가했다. 그야말로 비약적인 상승곡선을 그리며 늘어났다는 사실을 알 수 있다. 차의 주요 소비국인 인도와 중국의 인구와 높은 성장률을 고려한다면, 앞으로도 차 소비는 계속 확대될 것으로 보인다.

한편, 차는 세계 곳곳에서 소통을 위한 도구가 되기도 한다. 종교나 정치적인 이유로 술을 금기시하는 나라에서는 차가 그 자리를 대신한다. 또한 초대하는 사람이나 초대받은 사람 모두 부담이 적다는 장점 때문에 공식적인 사교나 외교를 위한 자리에서는 식사보다 차가 제공되기도 한다.

특히 요즘 젊은 세대는 술을 그다지 즐기지 않을뿐더러, 전 세계를 휩쓸었던 코로나의 영향으로 뉴 노멀(New Normal, 시대 변화에 따라 새롭게 부상하는 표준—옮긴이)이 자리를 잡으면서 일본의 비즈니스 현장에서도 술 대신 차를 마시는 문화로 변화하고 있다.

티타임은 국제 매너를 익히는 배움의 장

세상은 넓고, 세상에는 다양한 문화가 존재한다. 그만큼 티타임의 방식도 국가별로 각양각색이다. 일본에는 '다도'라는 전통문화가 있으며, 차(茶)와 일본 문화는 깊은 관계를 맺고 있다. 나라마다 독특한 관습이 있기에, 각국의 사회문화양식은 존중받아야 하는 국가정체성이다.

이렇게 서로 다른 나라들이 소통하면서 생기는 의견의 차이를 극복하기 위해 '프로토콜'이라 부르는 매너의 국제규격이 존재한다. 영어가 세계 공통어인 것처럼, 매너의 국제규격인 프로토콜은 문화, 관습, 역사, 언어가 다른 국가의 사람들과도 원활하게 소통하고 좋은 관계를 구축하기 위해 만들어졌다. 그리고 이는 영국의 전통적인 공립학교를 비롯해 명문 옥스퍼드 대학이나 케임브리지 대학에서도 엘리트를 육성하는 데 반드시 필요한 기초 교양으로 자리 잡았다.

이러한 프로토콜을 배우기 위해 굳이 해외 유학을 가거나 고가의 세미나에 참석할 필요는 없다. 홍차를 마시는 시간을 통해 즐기면서 배울 수 있으니 말이다. 영국에는 '너서리 티(Nursery Tea, 어린이가 놀면서 몸에 익히도록 했던 티파티 에티켓 연습—옮긴이)'라고 하는 특별한 티타임이 있어서, 신사와 숙녀들은 어렸을 때부터 실제로 홍차를 마시면서 티타임을 통해 행실과 풍습을 배웠다고 한다. 일본에도 다도 문화가 정착되어 있지만 안타깝게도 다도 인구가 매년 줄어들고 있어서, 웬만한 사람들은 다도를 접할 기회조차 없다. 그렇기 때문에 티타임 에티켓을 알고 있는 것만으로도 그렇지 않은 사람과의 차별화가 가능하다.

역사에서 문화, 매너까지 차에 담긴 교양을 마시다

세계의 차 문화를 공부하는 것은 글로벌한 뉴 노멀 시대에서 살아가는 데 막강한 힘이 된다. 내가 그 필요성을 통감한 것은 주식회사 소니(Sony)에서 워크맨(Walkman, 소니의 포터블 미니플레이어의 브랜드이자 관련 상표로,

원래는 휴대용 카세트 리코더의 이름—옮긴이) 비즈니스 전략을 담당했던 때였다. 당시, 워크맨이 겨냥한 시장은 전 세계였고, 6개월에 한 번씩은 며칠 동안 회의가 이어지곤 했다. 그런 치열함 속에서 분위기를 전환하고 비즈니스를 매끄럽게 이어가는 역할을 했던 것이 차였다. 어색한 첫 미팅에서 분위기를 풀어주는 아이스 브레이킹의 역할을 하는 '티타임' 그리고 회의에 진전이 없을 때 이야기를 잠시 덮어두고 갖는 '티 브레이크'도 있었다.

당시 내 상사는 비즈니스 미팅을 하는 상대국의 차를 직접 준비해서 적극적으로 대화를 이끌어나가기 위한 교두보로 삼았다. 차는 어떤 자리에서도 분위기를 부드럽게 이어가며, 국적, 인종, 언어, 문화를 초월해 세상의 다양한 사람과 좋은 관계를 만들어주는 '평화의 음료'였다.

이 책에서는 홍차를 매개로 교양인이라면 반드시 알아야 할 지식을 문화적, 과학적, 정신적, 경제적인 접근을 통해 폭넓게 소개한다. 역사에서 문화, 매너에 이르기까지 한잔의 차에 담긴 교양을 마시며, 이렇게나 흥미롭고 이렇게나 다채로운 홍차의 세계를 만끽해보자.

Chapter 1

이렇게나 유용한 홍차

그들이 홍차에 매료된 이유

차가 지닌
두 가지 힘

사람들은 왜 차를 즐길까? 많은 사람이 사랑하고, 물 다음으로 많이 마시는 음료는 바로 차다. 하지만 홍차, 녹차, 우롱차 같은 다양한 차는 어디까지나 기호품에 지나지 않는다. 생명을 유지하는 데 필수품은 아니란 얘기다. 그런데도 세계 각국에 다양한 모습으로 차를 즐기는 습관이 생겨나고, 고유한 문화로 성장해온 이유는 무엇일까?

그 배경에는 차가 가지고 있는 두 가지 힘이 있다.

첫째, 물질적인 효능이다. 사람의 몸에서 체중의 약 60퍼센트를 차지하는 성분은 물이다. 예를 들어 체중이 70kg인 성인 남성의 경우, 42ℓ의 수분이 몸속을 순환하면서 생명을 유지하고 있다. 따라서 평소에 어떤 수분을 섭취하고 있는지가 대단히 중요하다.

차와 인류의 만남은 기원전으로 거슬러 올라간다. 오랜 옛날부터 인간은 지혜를 발휘해 맹물보다는 물을 끓여서 안전하게 마시려고 노력했다. 그렇게 다양한 종류의 들풀을 물에 넣어 우려내보다가 차라는 잎과 만나게 되었다. 물에 찻잎을 넣고 끓이면 풍미가 가득한 맛있는 차를 마실 수 있을 뿐 아니라, 정화와 해독작용 같은 약효까지 얻을 수 있었다. 그때부터 차 역사에서 오랫동안 약으로 자리 잡았던 차는 오늘날까지도 항바이러스, 항균, 면역기능 증진 등에 효과가 있는, 몸에 좋은 건강한 음료로 여겨지고 있다.

둘째, 정신적인 효능이다. 인간에게 중요한 것은 몸과 마음의 균형이

〚 차의 두 가지 효능 〛

영국에는 "한잔의 차는 모든 문제를 해결한다"라는 말이 있어. 몸과 마음에 좋은 작용을 하는 차는 사람들에게 살아가는 지혜와 힘을 주기 때문에 5,000년에 걸쳐 크고 넓은 사랑을 받아온 거야.

다. 마음에 양분이 충분하지 않으면 몸에 탈이 나게 마련이다. 차는 단순히 몸에 필요한 수분을 보충하거나 갈증을 해소하는 음료의 역할뿐 아니라 사교의 장에서, 누군가를 접대하는 자리에서, 휴식을 취하는 곳에서, 치유를 위한 자리에서, 나아가 스트레스 가득한 일상 속 무미건조한 마음에도 도움의 손길을 건넨다.

한잔의 차는 사람과 사람을 이어주고 생활을 풍요롭게 가꾸는 대화의 도구이자, 자신의 내면과 마주하게 해 생활 속에서 리듬을 만들어주는 휴식의 도구다. 이렇듯 차는 외향적인 측면에서 내향적인 측면까지, 안팎에서 기능하는 효과가 있다.

경영의 신이 깨달은 차의 정신적 효능

먼저 차의 두 번째 기능인 '정신적인 효능'에 주목했던 구체적인 사례를 살펴보자. 세계적으로 유명한 최고경영자들은 차가 지닌 힘을 깨달으면서 자신의 인생뿐 아니라 일에도 이를 적극 활용했다.

파나소닉(구 마쓰시타전기산업)을 창립해 평생을 바쳐 일군 실업가 마쓰시타 고노스케(松下幸之助)는 '경영의 신'이라는 호칭으로도 유명하지만, 한편으로는 당시의 위대한 다인(茶人)이라는 전혀 다른 모습도 있었다.

1894년 여덟 형제 중 막내로 태어난 그는, 초등학교 4학년 때 아버지가 사업에 실패하면서 다니던 학교를 중퇴하고 다른 집에서 고용살이를 하게 된다. 그러다 스물둘의 나이에 독립해 극도로 협소한 공간에서 전구 소켓을 만들기 시작했다. 결국 '이 세상에서 빈곤을 퇴치하겠다'라는 신념으로, 싸고 좋은 전기제품을 세상에 전파하며 파나소닉을 세계적인 기업으로 키워냈다.

이런 마쓰시타가 다도와 만나게 된 것은 마흔이 넘어서였다. 경영자로서 정재계 인사들과 교류하기 시작하면서 다도 예절에 무지했던 탓에 크게 망신을 당하는 일이 종종 생겼다. "마쓰시타 씨, 돈만 벌어서야 되겠어요? 차 예절 정도는 알고 있어야죠"라는 말에 자극받은 그는 다도의 세계로 발을 들여놓는다. 그 이후 매일 아침, 한잔의 차를 즐기는 것을 일과로 삼아 자신의 인생철학이기도 한 '순수한 마음'으로 정신을 가다듬은 후에 일을 시작하곤 했다.

그는 평생에 걸쳐 수많은 경영철학과 성공법칙을 남겼는데, 그 바탕에 흐르고 있는 일관된 정신이 바로 순수한 마음이다. 이 세상은 자연의 법칙에 따라 움직이고 있으므로, 순수한 마음을 가지고 이에 따르는 것이야말로 성공을 향한 지름길이라는 것이다. 하지만 사람들이 지위와 명예에 사로잡히면 자연의 법칙에 자기 자신을 맞추기 어려운 경우가 많이 생기곤 한다. 사로잡힌 마음에서는 오해와 미움이 생겨나고, 나아가 대립과 전쟁으로 이어질 수밖에 없다. 순수한 마음이야말로 인류에 번영과 평화와 행복을 가져다준다고 마쓰시타는 믿었다.

그리고 차의 정신에서 순수한 마음을 발견하고는 책 《마쓰시타 고노스케-다인 · 철학자로서(松下幸之助－茶人 · 哲学者として)》에서 다음과 같은 말을 남겼다.

"차의 마음이란 사로잡히지 않고, 있는 그대로를 바라보는 마음이니 바꿔 말하면 순수한 마음 그 자체가 아닐까 하는 생각이 듭니다."

다도를 접한 후, 심오한 교양과 인간으로서의 무게를 갖추게 된 마쓰시타는 차가 가지고 있는 힘을 인재 육성의 장에도 활용하기 시작했다. 그가 말년에 설립한 마쓰시타 정경숙(松下政経塾, 마쓰시타가 설립한 일본의 사설 정치지도자 양성학교—옮긴이)에는 다실(茶室)이 있는데, 전 세계에서 통용되는 리더에 걸맞은 인격을 가르치기 위해 다도를 필수과목으로 지정하고 있다.

다도에 매료된 사람들

일본의 다도는 전국 시대(15세기 중반부터 16세기 후반까지 일본에서 사회적·정치적 변동이 계속된 내란의 시기—옮긴이)부터 오다 노부나가(織田信長, 일본의 전국 시대를 평정한 인물로 아즈치모모야마 시대를 연 다이묘—옮긴이)나 도요토미 히데요시(豊臣秀吉, 일본의 전국 시대와 아즈치모모야마 시대에 활약했던 무장, 다이묘—옮긴이) 같은 일본의 지배층을 사로잡으면서 독자적인 문화를 꽃피웠다. 그리고 이를 전 세계로 널리 알린 사람은 메이지 시대(1868~1912년)에 활약했던 사상가 오카쿠라 덴신*(岡倉天心, 메이지 시

* 오카쿠라 덴신(1863~1913)은 도쿄미술학교(현 도쿄예술대학의 전신 중 하나)를 설립하고, 일본미술원을 창설하는 데 힘썼다. 근대 일본 미술사학 연구의 개척자로, 메이지 시대 이후 일본 미술의 개념을 정립하는 데 기여했다.

대에 활약한 사상가·문인·철학가—옮긴이)이다. 그는 차의 정신을 '티이즘(Teaism, 다도)'이라는 말로 전 세계에 전파했다.

애플의 창업자인 스티브 잡스(Steve Jobs)도 국경을 초월해 널리 퍼진 티이즘에 매료된 사람 중 한 명이다. 잡스가 일본 문화에 심취해 있었다는 이야기는 유명한데, 그 접점은 바로 '선(禪)'이었다.

1955년, 시리아인 아버지와 미국인 어머니 사이에서 태어난 잡스는 태어난 지 얼마 되지 않아 다른 집의 양자가 되었다. 어렸을 때부터 독창적인 재능을 발휘하면서도 이단아였던 그는 대학을 중퇴하고 자신을 알아가기 위한 길을 떠난다. 바로 그때 만난 것이 동양사상과 선종(禪宗, 참선 수행으로 깨달음을 얻는 것을 중요시하는 불교 종파—옮긴이)이었다. 특히 선에 심취해 후쿠이현에 있는 에이헨지(永平寺, 일본 후쿠이현에 있는 조동종의 대본산—옮긴이)라는 절로 출가를 희망했던 시기도 있었다.

다선일미(茶禪一味, 차와 불교의 선은 하나의 맛이다)라는 말에서 알 수 있듯이, 원래 다도는 선종에서 나온 것으로, 인간을 형성하는 본질은 모두 하나라는 생각에서 비롯되었다.

잡스는 차의 정신인 '와비(侘び, 간소한 가운데 깃든 한적한 정취—옮긴이)'와 '사비(寂び, 한적하고 인정미 넘치는 정취—옮긴이)'에도 심취해, 교토의 선사(선종의 사원—옮긴이)나 가레산스이 정원(枯山水庭園, 물을 일절 사용하지 않고 돌과 모래 등으로 산수풍경을 표현하는 일본의 정원 양식—옮긴이)을 수차례 방문하면서 식견을 넓혀갔다. 티이즘은 잡스의 인간성은 물론 미의식과 그가 만드는 제품에까지 커다란 영향을 끼쳤다.

Column

모리타 아키오에서
스티브 잡스로 계승된 미니멀리즘

스티브 잡스가 존경했던 경영인은 소니의 창업자인 모리타 아키오(盛田昭夫)였다. 잡스는 생전에 다음과 같이 말했다. “애플은 컴퓨터업계의 소니가 되는 것이 목표였다. 모리타 회장은 나와 애플 직원들에게 막대한 영향을 끼쳤다.”

잡스는 멋있다고 생각되는 아이디어는 그 자리에서 반영하는 것을 모토로 삼았다. 잡스의 트레이드마크인 터틀넥은 소니의 사원들이 입었던 이세이미야케(Issey Miyake, 일본의 패션디자이너이자 그가 만든 브랜드—옮긴이)의 유니폼에서, 애플 스토어는 긴자에 있던 소니의 쇼룸에서, 맥 공장은 소니 공장 견학에서 영감을 얻었다고 한다.

잡스가 처음 소니 본사를 방문했을 때, 워크맨을 선물받고 눈을 반짝거리며 버튼을 몇 번씩이나 조작하다가 결국에는 그 자리에서 분해하기 시작했다는, 그야말로 잡스다운 에피소드가 소니 사내에 전해지고 있다. 아이패드 발매 당시, 잡스는 “이것은 21세기의 워크맨이다”라고 말하기도 했다.

잡스가 세상에 내놓은 아이폰도 사람들의 라이프스타일을 크게 바꿔

놓을 정도로, 새로운 문화를 구축한 제품이다. '단순성은 복잡성보다 훨씬 어려운 것'이라는 말이 있다. 아이폰은 불필요한 부분을 깎아내고 언어와 세대의 장벽을 넘어 누구나 직관적으로 사용할 수 있도록 궁극의 미니멀리즘을 형상화했다.

이건 어디까지나 내 개인적인 해석이지만, 소니의 정신과 티이즘을 상징하는 '부족의 미(美)'라는 개념이 융합해 자체 필터를 투과하면서 '잡스 스타일의 제품 개발' 자세가 구현된 것은 아닐까.

한잔의 차에서
걸작이 탄생하다.

실리콘밸리에서 주목한 차의 물질적 효능

세계 최고의 엘리트들이 모인 실리콘밸리에서 선(禪)과 차(茶)라는 취미가 주목받고 있다. 애플이나 구글에서는 사원들이 아침에 사무실에 마련된 명상실에서 마음챙김(Mindfulness)* 수련을 한 뒤 커피가 아닌 녹차를 들고 책상 앞에 앉아 업무를 시작하는 스타일이 정착했다. 이 같은 문화는 이제 일본으로 역수입되고 있다.

21세기 초 무렵까지 미국 사람들이 좋아하는 차는 항상 단맛이 강했다. 그런데 최근 수년간 음식 문화 트렌드의 발상지이기도 한 실리콘밸

* 선과 명상에서 유래한 심신을 가다듬는 방법이다. 심리학과 뇌과학을 기반으로 한 테라피로 미국에 널리 퍼져 있으며, 집중력과 생산성이 향상된다고 해 실리콘밸리의 다수 기업에서 도입하고 있다.

리에서 무가당 녹차를 마시면서 이 경향이 미국 전역으로 퍼져 나갔고, 이제 미국은 일본의 녹차를 가장 많이 수입하는 나라가 되었다.

실리콘밸리에서 주목하는 점은 앞서 말한 차가 가진 '물질적 효능'이다. 홍차, 녹차, 우롱차는 모두 같은 차나무의 잎으로 만든다. 제다법에 따라 성분의 차이는 생기지만, 모든 차에 들어 있는 기본적인 성분은 테아닌(감칠맛 성분), 카테킨(떫은맛 성분), 카페인(쓴맛 성분)이다.

일본차의 시조인 에이사이 선사는 《끽다양생기(喫茶養生記)》에서 "차는 양생의 선약이요, 목숨을 연장시키는 기묘한 술법이다"라고 말했다. 이처럼 차는 오랜 옛날부터 만능 약으로 알려져 왔다. 영국에서 처음 차를 판매한 런던 커피하우스 개러웨이스(Garaway's)에서는 "대망의 동양 신비 약인 차가 드디어 상륙!"이라며 대대적인 광고를 내걸었다. 선전 포스터에는 "두통, 현기증, 복통, 소화불량, 설사와 같은 증상의 회복에서부터 비만, 시력 저하 예방에도 효과를 발휘한다"며 20가지나 되는 약효를 늘

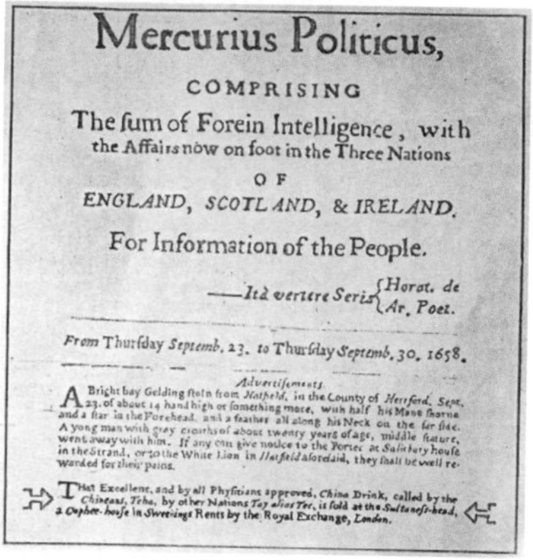

Mercurius Politicus,

COMPRISING

The ſum of Forein Intelligence, with the Affairs now on foot in the Three Nations

OF

ENGLAND, SCOTLAND, & IRELAND.

For Information of the People.

—Ita vertere Seria {Horat. de Ar. Poet.

From Thurſday Septemb. 23. to Thurſday Septemb. 30. 1658.

Advertiſements.

A Bright bay Gelding ſtoln from Hatfield, in the County of Hertford, Sept. 23. of about 14 hand high or ſomething more, with half his Mane ſhorne and a ſtar in the Forehead, and a feather all along his Neck on the far ſide. A yong man with grey clothes of about twenty years of age, middle ſtature, went away with him. If any can give notice to the Porter at Saliſbury houſe in the Strand, or to the White Lion in Hatfield aforeſaid, they ſhall be well rewarded for their pains.

THat Excellent, and by all Phyſitians approved, China Drink, called by the Chineans, Tcha, by other Nations Tay alias Tee, is ſold at the Sultaneſs-head, a Cophee-houſe in Sweetings Rents by the Royal Exchange, London.

〚 영국 역사상 최초의 차 광고(1658년) 〛

어놓았다. 순식간에 차는 신사들의 파워드링크로 인기를 끌었다. 하지만 당시의 광고는 과학적으로 증명된 것이 아니었으며, 오늘날이라면 과대 광고로 고소당할 만한 내용이었다.

21세기 현대에 이르러, 과학의 진보 덕분에 옛날 사람들로부터 전해 내려오던 이야기는 사실로 증명되었다. 한잔의 차는 머리, 몸, 그리고 마음까지 가다듬어주는, 이로운 음료라는 인식이 널리 퍼지게 된 것이다.

〖 차의 물질적 효능 〗

차를 통해 교양과 품위를 배우다

'비즈니스 에티켓'은 비즈니스를 할 때 갖춰야 하는 마음가짐이나 몸가짐을 말한다. 비즈니스 에티켓이라는 개념이 생겨난 것은 17세기, 동인도회사가 탄생했을 무렵이다.

영국 동인도회사[*]에서 처음 주식 시스템이 등장했을 때, 출자자를 모집하는 브로커들은 '매너가 안 좋다'는 이유로 왕립거래소 출입이 금지되었다. 그들은 자연스럽게 근처에 있던 커피하우스에 모이게 되었는데, 투기에 대한 열기가 고조되고 일확천금을 노리는 귀족에서 암거래를 하

[*] 17세기 유럽 각국에서 아시아의 무역독점권을 부여받은 특허회사의 총칭이다. 영국 동인도회사(1600년), 네덜란드 동인도회사(1602년)를 시작으로 연이어 설립된 세계 최초의 주식회사로, 주력상품은 향신료, 견직물 그리고 차다.

는 투기업자들까지 다양한 계급의 사람들이 마구 뒤섞이면서 혼돈 상태에 빠졌다. 부정행위와 문제들이 일상다반사처럼 일어났다.

그런 와중에 귀족들로부터 연이어 거래를 의뢰받는 브로커들이 있었다. 바로 '교양'을 갖춘 사람들이었다. 여기에서 말하는 교양은 컬처(Culture)를 뜻한다. 대부분 Culture는 문화라고 해석되는데, 본래 Culture의 어원은 '일구다'라는 말에서 유래했으며, '교양'과 '세련'을 의미한다.

결국 투자에 관한 지식을 겸비하고, 신사 문화에서 통용되는 교양을 함양한 사람이 비즈니스의 기회를 거머쥐었던 것이다. 이는 출자하는 귀족 입장에서 생각했을 때 당연한 일이었다. 계급이 다르다고는 하지만, 상대에게 불쾌감이나 불안감을 안겨주는 교양이 부족한 사람에게 큰돈을 맡길 수는 없었기 때문이다. 따라서 적극적으로 교양과 지식을 갖춰 품격을 높이려고 노력하는 인간성을 평가할 수밖에 없었다.

비즈니스 세계에서
품성과 에티켓으로 차이가 발생하는 것은
예나 지금이나 변하지 않았어.

일본에서도 센노 리큐(千利休, 일본 전국 시대와 아즈치모모야마 시대에 활동한 다인으로, 일본 다도의 한 양식인 '와비차'를 완성한 인물—옮긴이)를 비롯해 아즈치모모야마 시대의 상인들은 교양과 품위를 갖추기 위해 다도를 배웠다. 마찬가지로, 영국의 사업가들도 계급이 높은 귀족들을 상대로 협

상테이블에 앉기 위해 커피하우스에서 귀족들의 취미인 차를 즐기거나 지식과 매너를 익히고, 품성을 길렀다.

이런 맥락에서 비즈니스를 할 때 규칙을 준수하고, 양식 있는 행동을 하며, 질서를 지키는 것이 필수 덕목이 되어갔다. 그야말로 사업가에게 에티켓은 신뢰를 얻기 위한 '티켓'이었다. 훗날 커피하우스는 세계 경제의 중심을 담당하는 런던증권거래소로 발전했다.

오늘날에도 여전히 일본의 사업가들이 교양으로 다도를 즐기는 것처럼, 영국의 경영진들은 애프터눈 티를 즐기며 교양을 익히고 있다. 다도와 애프터눈 티, 이 둘의 공통점은 분명해 보인다. 차를 통해 자국의 문화와 역사, 예술을 접하면서 동시에 자신의 품성을 함양해 심오한 교양을 갖추는, 이른바 인격 형성으로 이어진다는 점이다.

뉴 노멀 시대를 살아가는 어른의 취미

'예술은 미술관 안에만 있는 것이 아니라 평소의 생활 속에서 발견해내는 것이다.'

유럽 사람들의 기저에는 이 같은 생각이 자리하고 있다. 인생을 마음껏 즐기는 것이 예술의 본질 중 하나라면, 일상 속 어른의 취미인 애프터눈 티는 연령과 성별을 넘어 널리 사랑받는 예술의 조건을 충분히 갖추고 있다.

일본의 다도로 바꿔서 생각해보면 쉽게 연상할 수 있다. 종합예술인 일본의 다도와 생활예술인 영국의 애프터눈 티. 얼핏 보면 전혀 다르게 보일 수 있지만, 사실 이 둘은 대단히 닮아 있다. 왜냐하면 영국의 애프터눈 티는 일본의 신비적인 의식인 다도에 대한 동경에서 시작된 것으로, 말하자면 '영국풍 다도'이기 때문이다.

생활 속의 예술은 생활에 리듬을 그리고 마음에는 윤택을 가져다준다. 우선 일상에서 변화가 일어난다. 처음에는 작은 관심에서 시작하지만 찻잎, 도구, 그릇으로 점차 시야가 넓어진다. 이 모든 것이 심오한 분야이며, 배움이 깊어질 때마다 지적 호기심이 충족되기 때문에 나이가 들어도 자신이 성장하고 있다는 것을 느낄 수 있다.

홍차를 평생의 일로 삼겠다는 결심을 하고 공부를 시작한 지 어느덧 30년 이상이 지났다. 내게 홍차는 취미이면서 동시에 일이었고, 나는 단 한 번도 홍차에 대한 흥미를 멈춘 적이 없다. 여전히 새로운 지식과 만나기도 하고, 모르는 세계를 개척하면서 매일 신선한 발견을 이어가고 있다.

일상뿐 아니라 비일상에서도 변화는 일어나고 있다. 예를 들어, 여행을 할 때도 그렇다. 국내에서든 해외에서든 여행지에서 눈에 들어오는 정보의 양이 달라졌다. 관심이 없으면 전혀 보이지 않았을 것들이 하나하나씩 보이니까 이것저것 보고 싶은 것이 늘어났다. 관심 주제가 넓어지니 여행의 질도 훨씬 높아졌다.

도자기에 관심을 가지면서 독일의 공방을 찾아가 장인들과 이야기를

유럽에서는 홍차에 대한 지식과 매너를 갖추는 것
그리고 애프터눈 티를 즐기는 것을
'생활 속에 살아 있는 예술(Art de Vivre)'이라고 여겨.

나누다가 그림 붙이기 공부를 하게 된 여성. 앤티크에 눈을 떠 영국 전역에서 열리는 전시회를 돌아다니다가 제2의 인생으로 작은 앤티크숍을 시작한 부부. 이들처럼 생활 속에서 예술을 찾아가다 보면 취미에서 그치지 않고 인생을 바꾸는 계기를 만나게 될 수도 있다.

앞서 말했듯, 홍차는 소통을 위한 수단이기도 하기에 차를 즐기는 사람이 더 늘어날 수도 있다. 취미를 통해 만난 친구들은 일에서 만난 동료와는 또 다른 느낌으로 다가오기 마련이다. 새로운 가치관과 깨달음을 얻고 신선한 자극을 받아 시야가 확장되기도 한다. 뿐만 아니라, 취미활동에서 제2의 커리어가 탄생하거나 은퇴 후의 내실 있는 생업이 될 수도 있다.

이렇듯 취미로서의 차는 인생을 한층 다채롭고 풍부하게 만드는 마법과 같다.

동기는 어떤 것이라도 좋아.
우선 홍차에
흥미를 느끼는 것부터
시작해보자.

알아두면 쓸모 있는 차 기초 지식

Q. 홍차, 녹차, 우롱차는 모두 다른 찻잎으로 만들어질까?

A. 모두 같은 잎으로 만든다.

'차'라고 하면 여러분은 어떤 차를 떠올리는가? 홍차? 녹차? 우롱차?

한국인이나 일본인에게는 녹차가 익숙하지만, 전 세계 차 생산량의 약 60퍼센트는 홍차이며, 나머지는 녹차와 우롱차 등으로 가공된다.

여기서 질문 하나. 여러분은 홍차 나무를 본 적이 있는가? 많은 사람이 "녹차 나무는 본 적이 있는데, 홍차 나무는 본 적이 없다"고 대답하곤 한다. 하지만 '홍차 나무'나 '녹차 나무'는 존재하지 않는다. 홍차, 녹차, 우롱차는 모두 같은 나무, 같은 잎으로 만들어지기 때문이다. 푸릇푸릇한 생엽(말리거나 가공하지 않은 식물체의 잎—옮긴이)을 원료로 발효를 어떻게 하느냐에 따라 홍차, 녹차, 우롱차 등 자유자재로 제다(製茶)를 할 수 있다.

차나무는 동백나무과 동백나무속 다년생 상록수로, 학명은 카멜리아 시넨시스(Camelia Sinensis (L) O. Kuntze)다. 카멜리아는 속명이고, 시넨시스는 종소명(학명의 구성요소로 속명 다음에 오는 이름—옮긴이), O. 쿤체(O. Kuntze)

는 이름을 붙인 식물학자의 이름이다.

차나무는 동백나무, 애기동백나무와 동속으로 생김새가 꽤 닮아서 얼핏 모르고 지나치기 쉬운데, 의외로 많은 곳에서 볼 수 있다. 상록수라 키우기가 수월해서 정원수나 가로수로 쓰인다. 또한 사원이나 일본 가옥에서는 결계(結界, 사원 내에서 승려와 속인의 자리를 나누기 위해 마련한 나무 울타리—옮긴이)용으로 차나무를 이용하기도 한다.

차나무가 동백나무나 애기동백나무와 헷갈린다면, 꽃을 보면 알 수 있다. 가을 들어 10월경, 새하얀 작고 가련한 꽃이 조심스레 아래쪽을 향해 피어 있다면 그게 바로 차나무다.

같은 차나무기는 해도 재배 품종을 크게 나눠보면, 중국종과 아삼종 두 종류로 분류할 수 있다. 이 두 가지 품종은 정말 같은 나무일까 싶을 만큼 특징이 다르지만, 근연종(近緣種, 생물의 분류에서 유연관계가 깊은 종류—옮긴이)으로 자연교배를 하기도 한다.

차나무

차꽃

중국종

아삼종

중국종은 중국 윈난성이 원산지며, 내한성이 강한 관목(중간 크기 이하의 나무로 다 커도 5~6m 이상으로는 자라지 않음—옮긴이) 타입의 차나무로,

중국종=녹차용　　아삼종=홍차용

잎이 6~9㎝로 작고 얇으며 단단한 것이 특징이다. 아삼종은 인도 아삼주(州)가 원산지로, 고온다습한 땅에 자라는 교목(키가 8m 이상으로 크게 자라는 나무—옮긴이) 타입의 차나무며, 잎이 12~15㎝ 정도로 크고 두터우며 부드러운 것이 특징이다.

어떤 품종이든 모두 홍차, 녹차, 우롱차로 만들 수 있다. 실제로 차로 가공했을 때, 중국종은 아미노산이 많고 수색(水色, 차 추출액의 색)이 옅어서 섬세한 풍미를 내기 때문에 녹차를 만들기에 좋다. 아삼종은 타닌(아주 떫은맛과 쓴맛을 주는 페놀 화합물—옮긴이)의 함유량이 높아 수색이 진하고 농후한 풍미를 내서 홍차를 만들기에 적합하다.

Break Time

차꽃은 애물단지?

차 산지 부근에서 자란 사람이라면 차나무를 많이 보아 익숙하겠지만, 차꽃은 볼 기회가 거의 없었을 것이다. 자생하는 차나무는 키가 10m

를 넘는 것도 있지만, 차밭의 차나무는 찻잎의 적채 방법(새싹을 따는 방법—옮긴이)에 따라 반원형이나 수평형으로 가지치기가 되어 있다. 그래서 정원의 울타리에서 흔히 보는 '우아한 흰 꽃'은 거의 볼 수가 없다. 꽃에 영양분을 빼앗겨버리면 새싹으로 영양분이 갈 수 없어서 꽃이 피기 전에 잘라내기 때문이다. 차 농가에는 차꽃이 애물단지일 수밖에 없는데, 이를 아는지 차꽃은 마치 찻잎 뒤에 숨은 것처럼 소리도 없이 핀다.

Q. 도대체 홍차, 녹차, 우롱차는 어떻게 다를까?

A. 발효 정도가 다르다.

현재 전 세계에서 마시고 있는 차는 차나무 '카멜리아 시넨시스'의 생엽을 원료로 한 것으로, 크게 홍차, 녹차, 우롱차 세 가지로 나눈다.

이것은 제다법에 따른 분류로, 먼저 '생엽을 발효할 것인가의 여부'와 '발효할 경우, 어느 정도의 발효도로 할 것인가'에 따른 가공 방식의 차이를 말한다. 여기에서 발효는 유산균이나 누룩균 같은 미생물의 작용을 이용한 발효가 아니라, 생엽에 들어 있는 산화효소의 작용을 이용해 성분 변화를 촉진하는 발효를 의미한다. 사과나 바나나의 껍질을 벗겨놓으면 공기와 접촉하면서 색이 점점 갈색으로 변하는 것처럼, 차나무의 잎을 따면 그 순간부터 생엽에 들어 있는 산화효소가 활성화되면서 산화발효가 시작된다.

차는 한 그루의 나무에서 태어나는 차 가족(Tea Family)으로, 녹차, 우롱차, 홍차의 순서로 태어났다고 할 수 있다. 패밀리 트리(Family Tree, 가계도—옮긴이) 가지들의 끝에는 각각 수백 가지의 차가 존재한다. 하지만 분류학상 그렇게 부르는 것이므로 어렵게 생각하지 않아도 된다.

그날그날의 컨디션과 기분에 따라, 자유롭게 차의 세계를 즐겨보자. 하루에 한 잔, 스마트폰이나 TV에서 벗어나 좋아하는 차를 우리면서 자신과 마주하는 여유를 가져보자. 작은 습관의 변화가 결국 인생에 커다란 변화를 가져올 것이다.

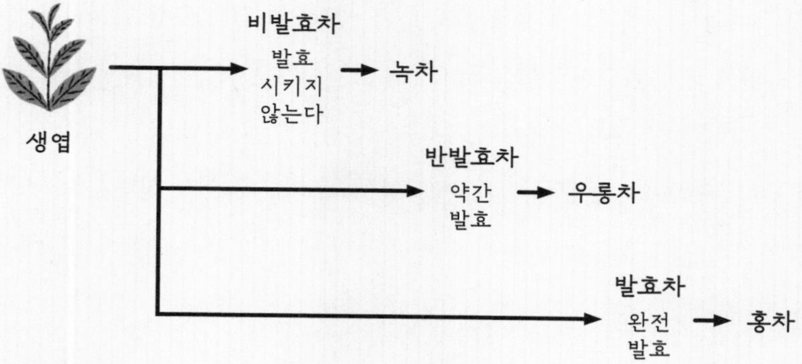

〖 발효 정도에 따라 변화하는 차 〗

매일 홍차를 우리는 여유를 가지면 좋아.
3일 동안 계속하면 습관이 되고,
3년을 계속하면 인생이 바뀌는 법!

Q. 16차란 무엇일까?

A. 분류학상으로는 차가 아니라 '차외차', '대용차'라고 한다.

차는 종류가 몇천 가지나 되는데, 이들의 공통점은 모두 카멜리아 시넨시스의 잎이 원료라는 점이다. 그런데 주변을 둘러보면 이 밖에도 다양한 차가 넘쳐난다. 보리차나 두충차, 마테차, 루이보스차도 차라고 할 수 있을까?

일본에서는 오래전부터 '식물을 달인 음료'를 차라고 부르는 관습이 있었다. 예를 들어, 보리차의 원료는 보리, 마테차의 원료는 감탕나무과에 속하는 관목의 잎과 가지다.

16차의 원재료는 율무, 보리, 허브, 발아보리, 옥수수, 현미, 민들레 뿌리, 비파나무잎, 차풀, 우엉, 조, 기장, 팥, 들깻잎, 대추, 유자 껍질로, 여러 가지 재료를 블렌딩한 건강 음료다.

음료에 카멜리아 시넨시스가 배합되어 있으면 '블렌디드 티'라고 할 수 있다. 하지만 배합되어 있지 않은 경우, 즉 차나무 외의 식물로 만든 것은 엄밀히 말해 분류학상 차에 속하지 않기 때문에 '차외차(茶外茶)', '대용차(代用茶)'라 부른다.

Q. 홍차, 녹차, 우롱차의 생엽은 선명한 녹색인데, 왜 찻잎의 색과 우렸을 때의 수색은 다를까?

A. 발효의 진행 정도에 따라 엽록소인 클로로필의 양에 차이가 생기기 때문이다.

앞서 산화효소작용의 차이에 따라 찻잎의 종류가 달라진다고 했다. 원래 생엽이 녹색을 띠는 것은 엽록소 '클로로필(Chlorophyll, 녹색식물의 잎 속에 들어 있는 화합물—옮긴이)'로 인해서다. 잎을 따면 산화효소의 작용으로 변색이 진행되는데, 어느 시점에서 산화를 멈추느냐에 따라 찻잎의 색이 달라진다.

차 제조 공정의 기본: 따기(채엽), 비비기(유념), 말리기(건조)의 3단계

녹차는 찻잎을 딴 뒤 바로 열을 가해 발효를 멈추기 때문에, 클로로필이 분해되지 않아 녹색이 남는다. 홍차는 찻잎을 딴 뒤 잠시 방치해 시들게 해서(위조, 식물체의 수분이 결핍해 시들고 마르는 현상으로 홍차, 우롱차 같은 발효차를 제조하는 공정의 첫 단계—옮긴이) 발효를 촉진한 다음 가열하지 않고 비벼준다(유념, 효소의 활성을 돕기 위해 찻잎을 비벼 세포조직을 파괴해서 폴리페놀의 산화를 유도해 발효하는 것—옮긴이). 찻잎을 비벼주면 찻잎에 함유된 카테킨류가 산화효소의 작용으로 테아플라빈(홍차에 들어 있는 붉은색 성분—옮긴이)과 테아루비딘(차에 들어 있는 붉은색의 플라보노이드 색소—옮긴이)으로 변해서 적갈색이 된다.

우롱차는 그 중간이다. 잎을 딴 뒤 발효를 촉진해 찻잎의 녹색이 반 정도 남아 있는 상태에서 열을 가해 발효를 정지시키기 때문에, 부분발효차라고도 부른다. 도중에 발효를 멈추기 때문에 찻잎도 홍차만큼 진한 적갈색을 띠지 않는다.

결국 발효가 진행될수록 찻잎의 색이 녹색에서 적갈색으로 변해가는 것이다.

비발효차인 녹차에서 완전발효차인 홍차로 갈수록,
즉 발효가 진행될수록 수색이 진해져.
색의 그러데이션이 생겨나는 거지.
자세한 내용은 '중국을 대표하는
7가지 차(211쪽)'에서 설명할게.

Q. 녹차는 영어로 그린 티다. 그렇다면 홍차는 어떻게 부를까?

A. 블랙 티라고 부른다.

홍차를 영어로 하면 레드 티(Red Tea)라고 생각하는 사람이 많은데, 홍차는 영어로 블랙 티(Black Tea)라고 한다. 여기에는 크게 두 가지 이유가 있다.

첫째, 찻잎의 색 때문이다. 찻잎의 색이 녹차는 녹색이라서 그린 티라 부르며, 홍차는 흑갈색을 띠고 있어서 블랙 티라 부른다.

둘째, 수색 때문이다. 앞서 설명했듯이 차의 추출액 색을 '수색'이라 한다. 일본의 연수(칼슘 염류, 마그네슘 염류를 함유하지 않은 물—옮긴이)로 홍차를 우리면 빛날 정도로 맑고 붉은 수색을 띠는데, 영국의 경도가 높고 석회질이 들어 있는 물로 홍차를 우리면 수색이 거무스름해져 바닥이 보이지 않을 정도다. 과연 블랙 티라고 부를 만하다.

참고로, 영국에서는 매년 만우절이 되면 "올해부터 홍차 표기가 RED TEA로 바뀐대"라는 농담이 나돈다고 한다. 그야말로 영국식 '블랙' 조크다.

Q. 전 세계에서 차를 가장 좋아하는 나라는 어디일까?

A. 세계 굴지의 차 생산량을 자랑하는 중국과 인도. 1인당 차 소비량은 튀르키예가 1위다.

차 생산량은 중국과 인도가 단연 1위를 차지한다. 두 나라 모두 역사적으로 유수한 세계의 차 산지이며, 인구가 10억이 넘는 대국이다. 워낙 차를 좋아하는 나라라서, 1인당 소비량도 매년 증가하고 있다.

단, 중국은 차로만 분류하면 세계 1위의 생산량을 자랑하지만, 다양한 종류의 차로 가공이 되기 때문에, 홍차로 분류하면 1위는 아니다. 1인당 소비량으로 보면 튀르키예와 리비아, 아일랜드가 가장 높은 자리를 차지하고 있다.

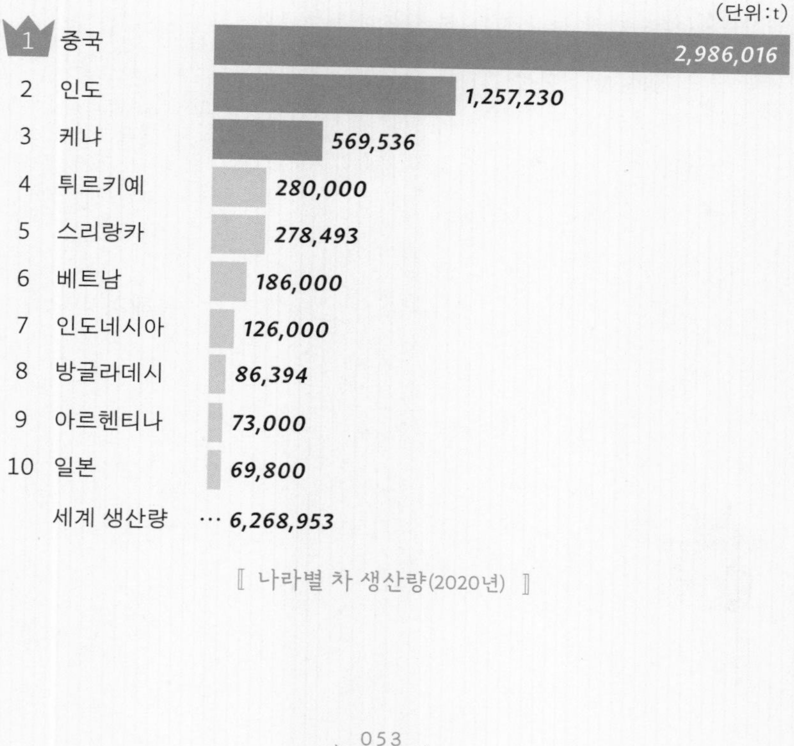

〖 나라별 차 생산량(2020년) 〗

생산량과 소비량 모두 많은 나라는
바로 튀르키예.
이유가 궁금하다면 178쪽으로!

1인당 (단위:kg)

※ 모든 데이터는
미쓰이농림주식회사 제공.

〚 나라별 1인당 차 소비량(2018~2020년 평균) 〛

차 생산량 상위 10개국과 1인당 차 소비량 상위 10개국은
부록에 있는 티 맵에서도 확인할 수 있어!

Chapter 2

이렇게나 흥미로운 찻잔 속 세계사

중국과 일본의 차 역사

5,000년 전 차와 인류가 만나다

찻잔 속 역사 EP. 0

차의 시작

차의 역사는 중국에서 시작한다. 길고 긴 중국의 역사에 처음 차가 등장한 것은 기원전 2737년이다. 세계에서 가장 오래된 차의 고전 《다경(茶經)》에 따르면, 차를 처음 마신 사람은 신농씨(神農氏)*라고 한다.

"신농씨가 나무 그늘에서 끓인 물을 마시기 위해 쉬고 있는데, 나뭇잎 몇 장이 바람에 날아와 뜨거운 물속으로 떨어졌다. 그 물을 마셨더니 지금까지 맛보지 못했던 훌륭한 맛과 향이 나서 그 자리에서 매료되었다.

* 오사카시 중앙구에 있는 스쿠나비코나노 신사에도 신농씨가 있는데, 이는 '도쇼마치의 신농씨'라는 별명으로도 불린다. 도쇼마치는 전국 시대부터 약재를 거래하는 장소로 번성했던 곳으로, 1780년에 창건되었다. 매년 11월 22일과 23일에 열리는 신농제(神農祭)는 오사카시의 무형 민속문화재로 지정되어 있다.

우연히 들어간 잎은 '찻잎'이었고, 이때부터 길고 긴 차의 역사가 시작되었다…."

신농씨는 고대 중국의 신화에 등장하는 삼황오제(중국 신화에 등장하는 제왕들로, 세 명의 황과 다섯 명의 제를 말함—옮긴이) 중 한 사람이다. 신농씨는 '의약의 신'이라고도 불리는데, 야산을 돌아다니며 모든 종류의 초목을 직접 먹어보면서 약초와 독초를 구별했다. 그는 약초 효능 연구를 바탕으로, 동양의학과 한방의 기초를 마련한 시조로 알려져 있다.

중국에서 가장 오래된 의학서인 《신농본초경(神農本草經)》에 따르면, 신농씨는 연구를 위해 하루에 100가지가 넘는 풀을 맛보았으며, 많게는 72가지나 되는 독에 노출되어 고생을 겪었다고 한다. 이때 도움을 준 것은 차가 지닌 해독작용이었다. 찻잎을 마시고 몸속의 독이 사라져 몸이 회복되었음을 깨달은 신농씨는 그때부터 차로 해독을 해가면서 백이십 살이 될 때까지 약초 연구를 계속했다고 한다.

참고로, 차의 카테킨이라는 성분은 식물의 독에 많이 들어 있는 알칼로이드(질소를 함유한 알칼리성 유기물질로, 주로 동식물 내에서 발견됨—옮긴이)

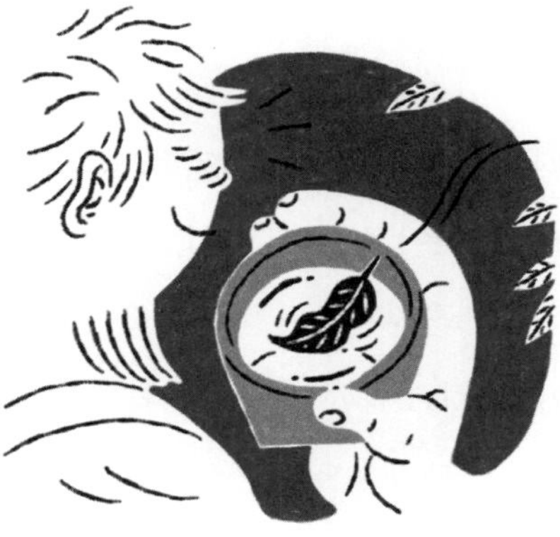

이 순간
인간과 차의 '사랑'이
시작되었다.

와 결합해 항독소작용을 촉진하는 역할을 한다는 것이 증명되었다. 그러므로 신농씨가 취했던 행동은 이치에 맞는 일이었다.

도쿄도의 분쿄구에 있는 유시마(湯島)성당에는 신농씨 동상이 있다. 참관은 1년에 한 번만 가능한데, 매년 11월 23일 근로감사절에 열리는 신농제 때 경내에 있는 '신농씨의 종묘'를 개방한다. 사당에 있는 신농씨 동상은 3대 쇼군 도쿠가와 이에미츠(德川家光)의 지시로 만들어졌으며, 처음에는 조시가야의 모구사엔(百草園)에 있다가 5대 쇼군 도쿠가와 쓰나요시(德川綱吉)가 창건한 유시마성당으로 옮겨졌다.

Break Time

차나무의 발상지

육우(陸羽, 당나라 때의 시인이자 차 전문가로, 평생 차를 좋아했으며 다도에 정통해 차에 관한 전문 서적인 《다경》을 저술했음—옮긴이)가 저술한 《다경》에는 "차는 남쪽 지방에서 자라는 상서로운 나무다"라는 기록이 있다. 차나무의 원산지는 중국 가장 남쪽 지방인 윈난성, 라오스, 타이, 미얀마의 국경이 교차하는 부근이라는 것이 정설이다. 이 지역은 차뿐 아니라 쌀(벼)의 원산지며, 다양한 식물의 근원지로도 알려진 곳이다.

그중에서도 '골든 트라이앵글(동남아시아의 타이, 라오스, 미얀마 국경의 삼각형을 이루는 지역—옮긴이)'이라 불리는 일대는 한때 아편 전쟁의 방아쇠가 된 양귀비의 재배 산지라는 오명을 얻었지만, 현재는 경치가 빼어난 리조트로 재탄생한 특별경제구다.

현재까지 발견된 세상에서 가장 오래된 차나무는 중국 윈난성 쌍강현에 있는 대차수(大茶樹)로 추정된다. 이 나무는 수령이 3,200년이 넘으며, 높이가 15m에 이른다.

불로장생의 약 차가 문화가 되기까지

찻잔 속 역사 EP. 1

중국

제1기 기원전~삼국 시대~남북조 시대: 약에서 기호품으로

우리는 언제부터 차를 기호품으로 마시게 되었을까? 기원전부터 사람들은 중국 윈난성을 원산지로 하는 차를 약으로 즐겨 마셨다. 진나라의 시황제*는 '불로장생의 약'으로 찻잎을 먹거나 음용했다고 한다. 차를 마실

* 중국 역사상 최초의 황제였던 진시황제는 막강한 권력을 배경으로 대규모의 능묘인 '진시황제릉'과 주변의 '병마용(진시황의 무덤 부장품-옮긴이)'을 건설했다. 이것은 현재 유네스코 세계유산(문화유산)으로 등록되어 있다.

때 "일복(一服)하시지요"라는 표현을 사용하는 것은 차가 오랫동안 약으로 자리매김하고 있었음을 나타내는 증거다.

중국의 차 역사에서, 신화에는 없는 가장 오래된 차에 대한 기록은 기원전 59년, 한나라 시대에 왕포(王褒)가 쓴 〈동약(僮約)〉(한나라 시대의 노비 매매문서—옮긴이)에 등장한다. 또한 기원전 1세기경에 중국에서 만든 의학서 《신농본초경》에도 차의 효능 등에 관한 기록이 남아 있다. 옛날에는 생엽을 물에 넣고 끓여서 우린 뒤 납작한 모양으로 눌러서 굳히는 방법으로 제다를 했다. 그 형상이 중국의 벽돌(기와)과 닮았다고 해서 '전차(磚茶, 판상 또는 벽돌 모양으로 굳게 한 차—옮긴이)'라고 불렀다.

삼국 시대(220~280년)가 되면서 차는 기호품으로 널리 퍼져 나갔다. 《삼국지(三國志)》에는 "이차대주(以茶代酒, 차로 술을 대신하다)"라는 절구가 나오는데, 술 대신 차를 손님에게 대접했다는 것을 엿볼 수 있다.

남북조 시대에는 끽다 문화가 관리나 문인에서 상류계급으로 확산해 차가 조정에 올리는 헌상품, 즉 공차(貢茶, 중국에서 햇차가 나왔을 때 조정에 헌납하는 제도—옮긴이)가 되었다. 뿐만 아니라, 차와 함께 '다과'라고 부르는 나무 열매와 과일도 곁들이면서 대접하기 위한 차, 즉 다회(茶會)의 뿌리가 탄생했다.

제2기 당나라~송나라 시대: 끽다 붐이 불다, 먹는 차에서 마시는 차로

당나라 시대(618~907년)에는 차의 재배와 가공이 중국 전역으로 확산해 각지에 '다관(茶館, 중국 사람들의 사교장으로, 서민들은 차를 마시고 상인들은 정보를 교환하는 곳으로 이용함—옮긴이)'이 출현했다. 일반 서민들에게도 끽다 문화가 널리 침투한 것이다. 또한 인도로부터 설탕이 전래하면서 단맛이 나는 당과자도 발달했다.

이 시대 후기인 760년 무렵 '차의 성인(聖人)'이라 불리는 육우는 세상에서 가장 오래된 차 전문서인 《다경》[*]을 저술했다.

차는 보통 번차(성숙해서 경화된 싹을 센차와 같은 방법으로 제조한 것—옮긴이), 센차(잎을 가열해 산화효소의 활성을 정지시킨 후 비비면서 건조한 것—옮긴이), 분말차(센차를 분말한 것—옮긴이), 고형차(고형으로 끝마무리한 차의 총칭—옮긴이) 네 가지로 분류하는데, 이 당시에는 교역이 활발했기 때문에 보존이나 운반 면에서 유리한 고형차를 선호한 것으로 보인다. 주로 즐겼던 끽다법은 고형차를 부순 다음 끓여서 우려내는 방법이었다. 《다경》에는 다음과 같이 기록되어 있다.

"생엽을 쪄내고 틀에 넣어 말려서 굳힌 고형차는 단차 또는 병차라고 부른다. 마실 때는 고형차를 부숴 가루 상태로 만들어 끓인 뒤, 거기에 파, 생강, 대추나 감귤류 껍질을 넣어 백탕을 만든다."

이는 차라고 하기보다는 한방약이나 수프에 가까운 형태였다.

선사에서 자란 육우는 차를 우리는 법도 스님에게서 배웠다. 당시 스님들은 엄격한 수행 중에 졸음을 물리치고, 영양을 보충하기 위해 차를

[*] 《다경》에는 차의 역사를 비롯해 차 산지와 제다법, 차 도구, 차 우리는 법과 마시는 법까지 상세하게 적혀 있다. 이를테면 차 안내서인 셈이다.

마셨다. 즉 차는 그들에게 국이나 수프와 같은 존재였다. 하지만 육우는 이런 식으로 마시면 찻잎 본연의 맛을 해친다고 생각해 받아들이지 않았으며, 차를 먹지 말고 마실 것을 권장했다.

송나라 시대(960~1279년)에는 끽다법에도 변화가 생겨, 찻잎을 맷돌로 갈아 차 분말을 찻잔에 넣고 휘저어 섞는 분말법이 확산했다. 이때 사용했던 도구가 대나무로 만든 차선이다. 이는 일본의 다도에서 사용하는 차선의 뿌리가 된 도구이며, 다도의 원류가 된 우림법이다.

차선

제3기 명나라~청나라 시대:
차 무역의 전성기 그리고 홍차로

명나라 시대(1368~1644년)에 중국의 차 역사는 전환기를 맞이했다. 유럽에서 차 붐이 일어나면서 차 무역이 시작되었고, 수출량이 매년 증가했다.

한편, 중국 내에서는 초대 황제인 홍무제가 단차금지령을 내렸다. 지나치게 사치스러워진 공차는 뇌물의 측면도 있었기 때문에, 이를 시정한다는 의미를 담아 고형차의 제조를 금지한 것이다. 그 대신 산차(잎차)가 주류를 이루면서 찻잎을 뜨거운 물에 담가서 추출하는 현대 우림법의 원형이 되는 음용법이 확산했고, 끽다 문화가 서민층에도 정착했다.

청나라 시대(1644~1912년)에는 서양인들의 기호에 맞게 반발효차(우롱차)와 완전발효차(홍차) 제다법이 확립되었다. 이 시대에 차 도구가 갖춰지면서, 중국차의 스타일이 완성되었다.

차 가족의 탄생 순서는 녹차 ▷ 우롱차 ▷ 홍차.
무려 5,000년의 차 역사 속에서 막내인 홍차가
탄생한 지 200년이 조금 넘었다는 사실은
홍차가 아직까지 '햇병아리'라는 뜻이야~

Break Time

BMW에 버금가는 고급 차의 가치

중국에서는 오래전부터 차를 뇌물로 사용했다. 당나라 시대에는 이미 단차의 표면에 용이나 봉황무늬가 들어간 헌상차가 돈 대신 유통되기도 했다. 명나라 시대에는 너무 사치스럽다는 이유로 금지되었지만, 차를 뇌물로 삼는 습관은 아직도 사라지지 않았다. 시진핑 정권이 들어선 이후 금전 수수에 대한 단속이 엄격해지자, 이른바 '선물'로 학교 선생님이나 직장 상사에게 차를 제공하는 일이 암묵적으로 빈번히 일어나고 있다고 한다.

최근에 SNS에서 '단차 350g이 BMW 한 대 가격!'이라는 이야기가 화제가 되었다. 하지만 500만 엔(한화로 약 4,500만 원—옮긴이) 정도의 가격은 흔히 있는 일이며, '투자 차'나 '금융 차'로 불리는 차는 가격이 1,000만 엔(한화로 약 9,000만 원—옮긴이)을 호가하면서 투자가들로부터 뜨거운 시선을 받고 있다.

고급 차는 예전부터 투자 대상이었지만, 코로나19 팬데믹으로 차에 대한 수요가 높아지면서 가격도 급등했다. 오래 숙성된 빈티지 티의 가격이 오르면서 터무니없는 가격이 매겨진 천가차(가격 인상 및 자사 브랜드 이미지 확보를 위해 원래보다 매우 높게 가격을 책정한 차—옮긴이)가 나도는 등 고급 차 거품이 생겨났다.

Column

사치스러움의 대명사
단차의 오늘

명나라 시대에 너무 사치스럽다는 이유로 금지되었던 단차. 단차는 중국 차 역사에서는 일단 쇠퇴했지만, 수출을 위한 생산은 계속되어 현재까지도 다양한 모양의 단차를 만날 수 있다.

단차라는 명칭은 고형차를 일컫는 총칭으로, 오늘날 차를 분류할 때는 '긴압차(중국 고형차의 하나로 긴차라고도 함—옮긴이)'라고도 한다(오른쪽 아래 그림).

옛날에는 사람 손으로 압축해서 모양을 만들었기 때문에 제조하는 사람에 따라 차의 견고한 정도가 들쑥날쑥했다. 하지만 오늘날에는 쪄낸 찻잎을 압제기 틀에 넣고 압력을 가해 단단하게 굳혀서 성형하기 때문에 견고함이 일정한 제품을 만들 수 있다.

이렇게 중국에서 만들어진 단차는 유럽의 차 전문점에서 쉽게 볼 수 있다. 원추 모양, 사발 모양, 벽돌 모양, 타일 모양 등 크기와 모양도 다양하다. 이런 단차는 음용을 위한 것이라기보다는 족자(글씨나 그림 등을 표구해서 벽에 걸거나 두루마리처럼 말아둘 수 있게 만든 것—옮긴이)와 함께 장식하는 인테리어 오브제로 인기가 있다.

단차가 너무 딱딱한 나머지 마실 수조차 없어 포장한 채 오랜 세월 그대로 가지고만 있는 사람도 많은데, 그중에 마시기에는 아까운 고급 차가 숨어 있을 수도 있다.

일본차와 다도의 발상

찻잔 속 역사 EP. 2
일본

제1기 나라~ 헤이안 시대: DNA 분석을 통해 밝혀진 뿌리

중국에서 일본으로 차를 전래한 것은 나라 시대(일본 역사상 나라가 도읍이었던 시대로, 710년에서 794년까지 84년간에 이르는 시기—옮긴이)와 헤이안 시대(794년 간무왕이 헤이안쿄로 천도한 때부터 미나모토노 요리토모가 가마쿠라 막부를 개설한 1185년까지의 일본 정권—옮긴이)에 걸쳐 중국에 건너간 견당사(당나라에 보낸 사신—옮긴이)와 유학승이었다.

하지만 일본차의 뿌리는 아직도 수수께끼로 남아 있는 부분이 많다.

차나무에 대해서도 '중국으로부터 도래설' 외에 '일본에 원래 존재하고 있었다는 자생설'이 있는데, 현 단계에서 유력한 것은 사가현의 오쓰시에 있는 신사, 히요시타이샤에 전해지는 이야기다.

《히요시진자도비밀기(日吉神社道秘密記)》에는 805년, 전교대사(傳教大師, 사이초의 시호—옮긴이) 사이초(最澄, 일본 헤이안 시대의 불교 승려로, 천태종을 열어 일본 불교의 여러 종파를 통일하는 데 힘쓴 사람—옮긴이)가 당나라로부터 한 줌의 차 종자를 가지고 돌아와 히에이잔 기슭, 오쓰 마을에 심었다고 기록되어 있다.

현재도 일본에서 가장 오래된 다원인 히요시 다원에 차나무가 있어, 히에이잔 엔랴쿠지(延暦寺, 일본 사가현에 있는 천태종의 총본산으로 사이초가 히에이잔의 깊은 산속에 창건한 절—옮긴이)의 불사에 바쳐지고 있다. 2020년 도쿄 대학의 연구팀이 히요시 다원에서 재배된 차나무의 DNA 감정을 실시한 결과, 중국 절강성 천태산에 현존하는 찻잎과 같은 종류라는 것

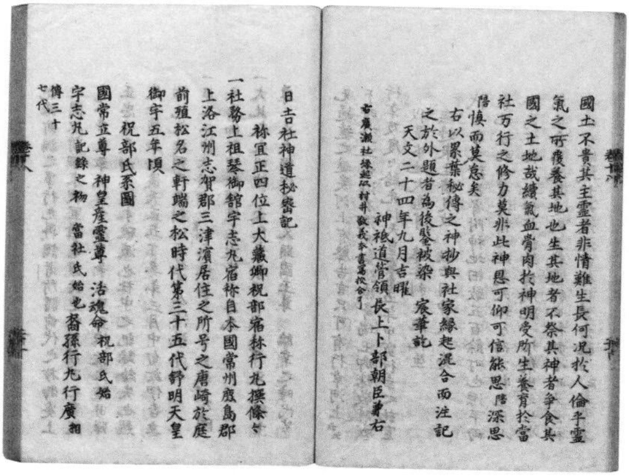

〖 히요시진자도비밀기 〗

이 확실하다고 인정했다. 유전자 연구의 발전으로 게놈 분석을 통해 식물의 근원을 해명할 수 있다니 참으로 멋진 일이다.

일본에 차가 전해지고 나서 10년 뒤인 815년에 집필된 《일본후기(日本後記)》에는 "사가천황에게 대승 즈에이츄(都永忠)가 오우미(현재의 사가현 오쓰시)의 혼샤쿠지에서 차를 달여서 진상했다"라는 기록이 남아 있다.

그 당시 특권층은 끓인 물에 찻잎이나 가루차를 넣어 우려내는 달임차를 마셨다. 차 자체가 대단히 귀중한 물건이어서 황족이나 귀족, 승려와 같은 한정된 계급의 사람들이 아니면 마실 수가 없었기에 일반 서민들에게는 전파되지 않았다.

그 뒤 견당사가 폐지되면서 차 문화는 한 차례 쇠퇴했고, 이후 차는 300년 동안 문헌에 등장하지 않았다.

〖 달임차 〗

제2기 가마쿠라 시대:
차 붐을 일으킨 일본차의 시조, 에이사이

가마쿠라 시대에 들어서면서 차는 다시 각광을 받았다. 그 계기를 만든 것은 임제종(중국 불교 선종 5가의 한 파—옮긴이)의 개조이며 차의 시조로도 불리는 에이사이 선사(榮西禅師, 일본 최초로 선사라 인정받은 승려—옮긴이)였다. 엄격한 선 수행에는 번뇌 중에서도 가장 견디기 힘든 수면욕을 없애기 위한 '다례' 의식이 있었는데, 각성효과가 있는 진한 말차를 마셔 집중력을 높였다고 한다.

1191년, 에이사이가 가져온 차 씨앗이 교토의 토가노오에 있는 고잔지(高山寺)라는 절에 심겨 '우지차'의 기원이 되었다. 그리고 이 시대에 전해진 가루차를 차선으로 휘젓는 말차법(점차법)이 차노유(다도—옮긴이)로 이어졌다.

차의 효능에 감명받은 에이사이는 1211년 《끽다양생기》를 저술했다. "차는 양생의 선약이요…"로 시작하는 이 책은 일본 최초의 차 전문 서적이자 가마쿠라 시대를 대표하는 의학 서적 중 하나로, 이후로도 꾸준히 읽히고 있는 책이다.

이 책이 무가 사회에서 베스트셀러가 되면서 무사들 사이에 차를 마시는 습관이 널리 퍼졌는데, 그 계기를 만든 사람은 가마쿠라 막부 3대 쇼군인 미나모토노 사네토모(源実朝)였다. 1214년, 과음하는 습관이 있던 쇼군이 숙취로 고생하고 있다는 소식을 들은 에이사이는 쇼군에게 한 잔의 차를 권했고, 차를 마시고 난 뒤 쇼군의 몸 상태는 완전히 회복되었다. 이때 에이사이가 차와 함께 헌상한 책이 《끽다양생기》였다. 그리고 그때부터 끽다 문화가 유행하게 되었다.

제3기 남북조 시대: 도박이 된 차

남북조 시대에 들어서면서 차 감별회를 통해 차의 생산지를 맞추는 '투차(投茶, 차를 마시고 그 종류 맞추기를 겨루는 것—옮긴이)'가 성행했다. 차 감별회는 차의 재배 산지가 교토 이외의 지역까지 확산해 차의 풍미에 차이가 생기면서 탄생한 다회(茶會, 차를 마시는 사람들의 모임)였다. 초기의 투차는 에이사이가 가지고 들어와 교토의 토가노오에 심은 차를 '본차(本茶)', 그 밖의 산지에서 나온 차를 '비차(非茶)'라고 해서, 차를 마신 다음 어떤 것이 본차인지 맞히는 상류계급에서 유행하던 유희였다. 찻잎의 종류가 늘어나면서 규칙도 함께 늘어, 경품으로 고가의 차 도구를 받기도 했다.

그런데 차츰 도박적인 측면이 강해져 내기 찻집이 많이 생겨나고 유흥화되었다. 투차는 '차가부키'라는 이름으로 불리며 상인들과 시민들 사이에서도 널리 퍼져 나갔다. 그리고 재산을 낭비하는 사람이 생길 정도로 많은 사람을 열광시켰다. 무로마치 막부가 투차금지령을 내렸지만, 투차 붐은 100년이 넘게 이어졌다.

투차는 오늘날에도 사원에서 열리는 행사나 다사(茶事, 차를 마시는 모임—옮긴이)의 여흥으로 이어져 내려오고 있다.

제4기 무로마치 시대:
무사들의 소양이 된 차

무로마치 시대에 이르러 차는 접대하는 용도로 사용되기 시작했다. 3대 쇼군인 아시카가 요시미쓰(足利義満)는 '킨카쿠지(金閣寺, 일본 교토 기타야마에 있는 사찰로 아시카가 요시미쓰가 부처의 사리를 모시기 위해 지은 절—옮긴이)'로 대표되는 호화찬란한 기타야마 문화를 구축하는 한편, '우지칠명원(우지에 있는 일곱 개의 뛰어난 다원—옮긴이)'이라고 하는 빼어난 다원(茶園, 차나무를 재배하는 곳—옮긴이)을 만들어 우지차를 재배하는 데 힘썼다.

요시미쓰의 손자인 아시카가 요시마사는 '긴카쿠지(銀閣寺, 일본 교토 히가시야마에 있는 사찰—옮긴이)'에 다실의 기원이 되는 '동인재'를 건립해, 히가시야마 문화를 완성했다. 서원조(서원을 건물의 중심으로 삼은 일본 무가 주택의 형식—옮긴이) 형식의 자시키(연회석으로 다다미방을 말함—옮긴이)를 차 도구와 족자 등으로 장식한 다음, 이를 감탄하면서 차를 즐기는 사교의 자리인 다회는 '서원의 차'라고 불렸다. 이는 중국에서 이루어졌던 선 의식인 다례의 영향을 받은 것으로, 다도의 원류가 되었다.

15세기 후반, 다도의 시조로 불리는 무라타 주코(村田珠光)* 가 새로운 스타일을 제안했다. 그는 호화로운 도구를 갖춘 궁중 다회에서 탈피해 소박하고 간소한 데다 허름하다고도 할 수 있는 도구를 사용했다. 이는 불완전한 것, 완벽하지 않은 것이야말로 미를 이끌어내는 '부족의 미'

* 무라타 주코(1423~1502)는 교토의 다이토쿠지(大德寺, 일본 교토에 있는 사찰—옮긴이)에서 잇큐 쇼준(一休宗純, 무로마치 시대 임제종 다이토쿠지파의 승려이자 시인—옮긴이) 밑에서 선 수행을 하면서 다선일미라는 새로운 경지를 열어 와비차의 정신을 확립했다.

라는 미의식을 제창한 것이다.

와비차의 정신은 다인(茶人) 다케노 조오(武野紹鷗, 일본 전국 시대의 다인—옮긴이)에게 계승되었고, 그의 제자인 센노 리큐에 이르러 일본의 전통문화인 차노유(茶の湯)로 확립되었다.

완성된 차노유 문화는 에도 막부(도쿠가와 이에야스가 일본 전역을 통일하고 에도, 즉 현재의 도쿄에 수립한 무가 정권—옮긴이)의 정식 의례로 채택되어 무사들의 필수 소양이 되었다. 무사가 하나의 직업이 되어가면서 출세를 하려면 문무의 예도를 갖추어야 했다. 귀족들이 지닌 취미로서의 교양을 갖추지 못했던 무사들에게 차노유는 예절을 익히기 위한 '새로운 교양'으로 자리 잡았다.

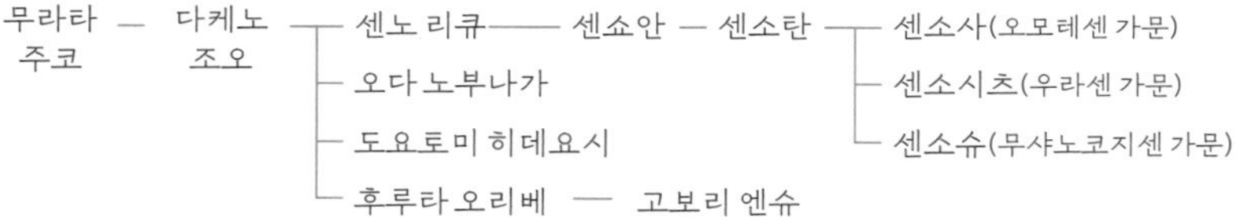

〚 차노유의 계보 〛

제5기 에도 시대:
센차의 고향

에도 시대에 들어서면, 도쿠가와 쇼군 가문이 즐겨 마시는 차를 차 어용 상인이 차호(차를 담아두는 단지—옮긴이)에 넣어 우지에서 에도로 운반하는 항례 행사인 '어차호도중(御茶壺道中)'이 시작된다.

먼저 빈 차호를 준비해서 에도를 출발해 도카이도(일본의 옛 행정구역인 고키시치도 중 하나—옮긴이)를 지나 우지에서 햇차를 담은 다음, 나카센도(에도 시대에 정비된 다섯 개의 가도 중 하나로, 교토와 에도를 연결하는 가도—옮긴이)를 지나 에도로 향한다. 때때로 1,000명이 넘는 대행렬이 지나갈 때는 다이묘(일본 헤이안 시대부터 전국 시대까지의 무사를 일컫는 말—옮긴이) 행렬도 길을 양보해야만 했으며, 서민들은 길가에 무릎을 꿇고 엎드린 자세로 맞이했다고 한다.

한편, 서민들 사이에서도 차가 퍼지기 시작했는데, 헌상차와는 완전히 달랐다. 이는 중국으로부터 전해진 새로운 음용법으로, 잎차에 끓인 물을 부어서 우려 마시는 '엄차법(다관에 찻잎을 넣고 찻잎 위에 탕을 부어 차가 우러나는 것을 기다렸다가 찻잔에 부어 마시는 방법—옮긴이)'이었다. 말차처럼 특별한 도구나 수고가 있어야 하는 다도와 달리, 언제 어디서나 부담 없이 차를 즐길 수 있게 된 것이다.

하지만 이때 즐겼던 찻잎은 녹색이 아니라 적갈색이었으며 맛도 변변치 않았다. 그래서 나중에 '센차의 시조'로 칭송받는 우지의 나가타니 소엔(長谷宗円)은 15년이라는 긴 세월에 걸쳐 연구를 거듭한 끝에 1738년에 '청제전다제법'을 고안해냈다.

생엽을 찐 다음 비비면서 건조하는 제다법을 통해, 향기롭고 풍부한 맛을 지닌 센차가 탄생했다. 예전에는 갈색이었던 차의 수색도 아름다운 녹색이 되었다. 이 같은 제조법은 '우지제법'이라 불리며 일본차의 표준이 되었고, 우지차는 일본의 차 세계로 스며들기 시작했다.

A

중국에서 전래한
부초제법

잎

↓

덖는다

↓

건조한다

↓ (갈색이 됨)

B

나가타니 소엔이 고안한
청제전다제법

잎

↓

찐다

↓

비비면서 건조한다

↓ (선명한 녹색을 띔)

B 의 증제센차가 현재의 표준이 됨

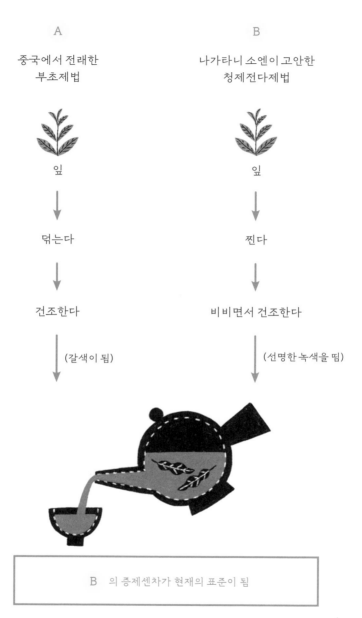

『 청제전다제법, 이것이 다르다! 』

'센차 취미'라 불리는 새로운 풍류의 차는 에도에서 시작해 전국으로 급속히 확산했고, 센차도(煎茶道, 센차, 즉 잎차를 이용한 다도의 방식—옮긴이)라는 다도의 방식을 낳았다. 서민들 사이에서도 친숙해진 센차는 메이지 시대에 이르러 일상적인 습관으로 정착했다. 일상다반사(日常茶飯事)라는 말로 상징되듯이 일상 속 어디서나 볼 수 있는 존재가 된 것이다.

Column

일본차 탄생의 아버지 야마모토야마

'앞에서부터 읽어도 야마모토야마(山本山), 뒤에서부터 읽어도 야마모토야마.'

유머러스한 광고 카피로 잘 알려진 야마모토야마. 사실 야마모토 가문은 우지센차를 세상에 널리 알린 '일본 최고의 센차 상인'이며, '교쿠로(玉露, 차광막을 씌워 재배한 차나무에서 수확한 찻잎으로 만든 차—옮긴이)를 만든 아버지'로서, 일본차를 이야기할 때 빼놓을 수 없는 중요한 일족이다.

1690년, 창업자 야마모토 가헤이(山本嘉兵衛)가 "우지의 맛있는 차를 많은 사람에게 선보이고 싶다"며 상경해 니혼바시에 차 가게를 차린 것이 사업의 시작이었다. 1738년, 우지의 한 차 제조업자가 4대손 야마모토 가헤이를 찾아왔다. 그는 후에 센차의 시조라 불리는 나가타니 소엔이었다. 소엔은 15년이라는 세월에 걸쳐 완성한 센차를 가지고 에도로 향했는데, 차에 대한 개념을 뒤집은 새로운 차에 흥미를 보인 상인이 없어 마지막 희망으로 찾은 이가 가헤이였다. 이 센차의 가치를 꿰뚫어 본 4대손 야마모토 가헤이는 그 차를 동전 석 냥에 사들이고 판매를 담당하기로 약속한다. 그는 소엔의 차에 '천하일(천하일품이라는 의미—옮긴이)'이라는 이름을 붙여 판매에 나섰다. 그 결과 에도의 거리 곳곳에서 유행했고, 나중에는 전국으로 그 이름이 퍼져 나갔다.

동시에 야마모토야마라는 천하의 막강한 이름을 등에 업고 막대한 이득을 얻은 야마모토 가문은 나가타니 가문에 보답의 의미로 100년여 동안 감사금을 꾸준히 보냈다고 한다.

300년에 걸쳐 꾸준히 계승된 노포 철학

야마모토 가문의 공적은 이뿐만이 아니다. 5대손인 가헤이 도쿠쥰(嘉兵衛德潤)은 '사야마차(사이타마현 사야마 일대에서 산출되는 녹차—옮긴이)의 은인'으로 알려져 있다.

가와고에번의 영지였던 사야마 구릉 일대에서 재배되던 사야마차는, 소엔이 개발한 우지제법을 적극적으로 도입했다. 사야마차를 마셔본 가헤이 도쿠쥰은 "이 차는 우지차에 뒤지지 않는다. 많은 사람에게 소개해야 한다"며 판매에 힘을 쏟았다. 그 결과, 사야마차는 '색은 시즈오카, 향은 우지, 맛은 사야마가 최고'라는 칭송을 받으며 시즈오카차, 우지차와 나란히 '일본의 3대 차'로 손꼽혔다.

6대손인 가헤이 도쿠오(嘉兵衛德翁)는 '교쿠로 탄생의 아버지'다. 1835년, 당시 열여덟이던 가헤이 도쿠오가 우지에 있는 기노시타 가문의 제다에 참가했는데, 직접 쪄낸 찻잎을 비비다 보니 옥과 같은 형상이 되었다고 한다. 이를 시음하고 난 그는 감로(단 이슬) 같은 맛과 고급스러운 향을 가진 극상품의 차라고 판단했고, '교쿠로(옥로)'라고 이름을 붙여서 판매를 시작했다. 이후 에도의 다이묘와 무사들이 즐겨 마시게 되면서 교쿠로는 일본을 대표하는 고급 차로 거듭났다.

현재의 야마모토야마는 16대손인 야마모토 가이치로(山本嘉一郎)가 니혼바시 지역에서 사업을 계승하고 있다. 9대손이 시작한 김 판매의 영향으로 현재 야마모토야마 하면 차보다는 김이 먼저 떠오르지만, 1970년에 브라질에서 차 재배를 시작하고, 1975년에는 미국에 현지법인을 설립해 차와 허브를 취급하는 더 스태시 티 컴퍼니(The Stash Tea Company)를 매수하면서 판로를 확대했다. 2018년에는 새로운 도전의 일환으로 플래그십 숍인 '후지에 다방'을 니혼바시에 오픈했다.

'맛있는 차를 많은 사람에게 선보이고 싶다'는 창업자의 생각은 시대마다 변혁을 거듭하면서 지금까지 계승되고 있다. 세상 사람들이 무엇을 원하는지 파악해 고객이 원하는 상품을 재빨리 만들어내는 것. 300년이나 되는 세월 동안, 면면히 이어져 내려온 마음가짐과 상대방의 니즈에 응답하는 힘이야말로 모든 비즈니스의 기반이라는 사실을 다시금 깨닫게 된다.

Chapter 3

이렇게나 흥미로운 찻잔 속 세계사

영국의 차 역사

홍차와 애프터눈 티의 나라

찻잔 속 역사 EP. 3

영국

'홍차의 나라, 영국'

영국 하면 누구라도 그런 우아한 이미지를 떠올릴 것이다. 영국에서 특별히 맛있는 홍차가 재배되는 것일까? 아쉽게도 그렇지는 않다. 영국은 위도가 너무 높아 찻잎을 재배하기에 적합하지 않다. 그럼 영국이 홍차의 발상지인 걸까? 그렇지 않다. 앞서 살펴봤듯 차의 발상지는 중국이다. 심지어 영국은 홍차의 소비량과 수입량이 세계에서 가장 많은 나라도 아니다.

그렇다면 왜 영국을 홍차의 나라라고 부르는 걸까? 이번 장에서는 그 질문에 대한 답을 찾아보려 한다. 영국이 홍차의 나라가 되기까지, 그 역사를 되짚어보자.

제1기 17세기 대항해 시대①: 동인도회사와 차

중국에서 발상한 차가 티로드의 서쪽으로 나아가 유럽에 당도한 것은 대항해 시대가 막을 연 뒤인 17세기였다. 유럽의 차의 역사는 400년 남짓한 기간으로, 5,000년에 이르는 차 역사에서는 햇병아리 같은 존재다.

이 시기의 주인공은 세계사 교과서에 등장하는 '동인도회사'다. 역사를 잘 모르는 사람이라도 한 번쯤은 들어봤을 이름이다.

대항해 시대를 맞이한 유럽 각국에서는 아시아 교역을 독점적으로 담당하는 거대 상사를 경쟁하듯 설립했는데, 이것이 바로 동인도회사였다. 당시 아시아 교역에서는 향신료와 견직물을 취급했기 때문에 막대한 이득 창출이 가능했다. 동인도회사는 '국가 중의 국가'라 불리며, 사업에만 머물지 않고 군사, 외교, 행정에까지 힘을 행사했다.

1600년, 엘리자베스 1세로부터 특허장을 받아 탄생한 영국 동인도회사는 '항해할 때마다 출자금을 모집하고, 생긴 이익은 분배한다'는 시스템을 만들었다. 하지만 이 시스템에는 위험 요소가 숨어 있었다. 항해에서 무사히 돌아오면 배당을 받게 되지만, 실패한 경우에는 큰 손실을 입는, 이른바 도박과 같은 측면이 있었다.

그런데 1602년에 설립된 네덜란드 동인도회사는 항해할 때마다 단

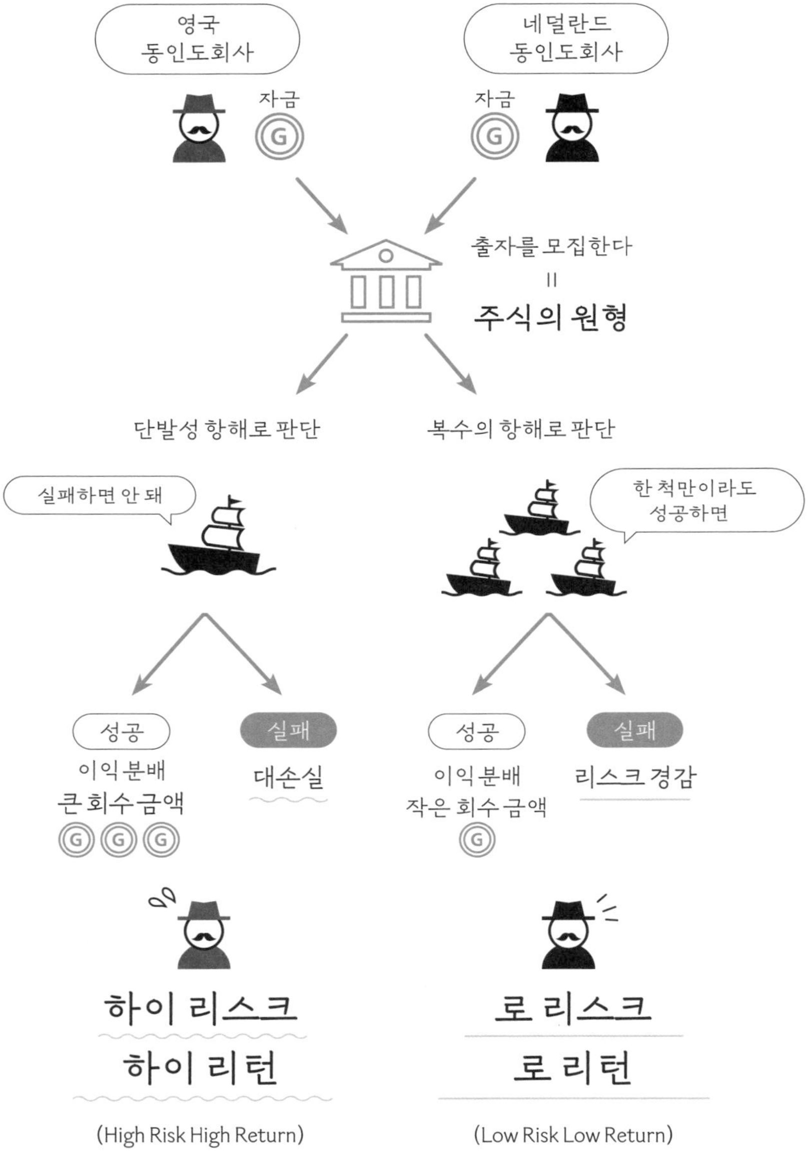

〖 네덜란드 동인도회사의 지속적인 이익 분배 시스템 〗

발성으로 일확천금을 노리는 것이 아니라, 여러 번의 항해를 통해 생긴 이익을 분배하는 지속적인 시스템을 고안해냈다. 이에 따라 출자자는 위험이 대폭 줄어들었고, 사업자는 장기적인 주기로 경영을 설계할 수 있게 되었다.

이 같은 지속적인 투자 시스템이 현재 주식회사의 기원이 되었다는 점에서 동인도회사는 '세계 최초의 주식회사'라 불리기도 한다. 쉐어(Share)라는 단어에는 '주식'이라는 의미가 있는데, 이익을 나눠 갖는 합리적인 구조가 이 시대에 생겨난 것이다.

17세기 초, 향신료 무역의 패권 다툼에서 승리한 네덜란드 동인도회사는 아시아 여러 곳에 교역소를 설치했다. 그중 하나가 황금의 나라 지팡구(일본의 중국어 발음을 서양인이었던 마르코 폴로가 Cipangu라고 음차로 적은 것—옮긴이), 즉 일본이었다. 1610년, 네덜란드 동인도회사는 일본으로부터 시대를 바꾸는 새로운 음료 '차'를 유럽으로 가져갔다.

제2기 17세기 대항해 시대②: 왕족과 귀족들을 열광시킨 일본의 녹차

유럽으로 차가 건너간 것은 17세기에 들어서였다. 1610년, 일본의 나가사키 히라도에서 네덜란드 동인도회사의 배를 통해 암스테르담으로 운반된 것이 시초로 알려져 있다. 이때는 아직 홍차가 탄생하지 않았기 때문에, 유럽으로 건너간 것은 녹차였다. 처음 본 신비로운 차. 유럽인들은 일본의 다도를 흉내 내며 녹차를 받침 접시로 옮겨 후루룩 소리를 내며 마셨다고 한다.

여기서 차가 유럽으로 전파된 경위를 천천히 짚어보자.

1498년, 바스코 다 가마(Vasco da Gama, 포르투갈의 항해자—옮긴이)가 인도 항로를 발견하기 이전부터 동양과 서양의 교역은 실크로드를 통해 이루어지고 있었는데, 신기하게도 차가 전해졌다는 기록은 남아 있지 않다. 게다가 마르코 폴로(Marco Polo)의 《동방견문록(東方見聞錄)》에도 차에 관한 기록은 전혀 없다.

차에 관한 정보가 유럽에서 등장하기 시작한 것은 16세기에 들어서부터다. 유럽의 문헌 중에 가장 오래된 차에 대한 기록은 1559년 이탈리아인 조반니 라무시오(Giovanni Ramusio)가 저술한 《항해와 여행(Delle navigationi et viaggi)》에 등장한다. "중국에서는 차라는 약용식물을 모아 건조한 뒤 끓여서 우려낸 물을 마신다. 우려낸 물은 열병, 두통, 위통, 관절통, 그밖에 기억할 수 없을 만큼 많은 병에 효과가 있다."

차라는 음료에 관한 단편적인 정보를 얻은 유럽 사람들은 '황금의 나라 지팡구(일본)'에 와서 놀라운 광경을 보게 된다. 차노유 문화가 꽃을 피우던 아즈치모모야마 시대의 일본. 그곳에서는 단 한 잔의 차를 마시기 위해 전용 다실을 마련해 철가마와 차호, 차선, 차샤쿠(가루차를 떠내는 작은 대나무 숟가락—옮긴이)와 같은 고풍스러운 도구를 보물처럼 늘어놓고 다완을 빙글빙글 돌리는 참으로 신비로운 의식을 행하고 있었던 것이다.

17세기, 서양 사람들에게 동양의 나라들은 이국적이면서 수수께끼에 싸인 존재였다. 당시 유럽에서는 식사를 할 때 손으로 집어 먹었고 매너 같은 것도 없었기에, 동양의 높은 문명과 문화를 접하면서 문화적인 충격을 받았다. 그와 동시에 강렬한 동경심도 품었다. 그러면서 유럽에 동양풍 취미, 즉 시누아즈리(Chinoiserie, 17세기 후반부터 18세기 중반경까지 유럽 귀족 사이에 일어난 동양풍 취미의 총칭—옮긴이) 붐이 크게 일어났다. 그중에서도 차는 왕족과 귀족들을 매료하는 동양 문화의 상징이 되었다.

차가 유럽으로 건너간 초기에는 만병통치약으로 널리 퍼졌다. 신비로운 차를 마심으로써 왕은 불로장생하고, 여왕은 영원한 미와 젊음을 얻을 수 있다고 믿었다. 그러다 약국에서 차를 치료 약으로 취급하면서 차의 효능에 대한 정보는 점점 과장되었고, 사람들은 차를 마실수록 효과가 커진다고 믿었다. 그래서 유럽 사람들은 중국산 차호(찻주전자)를 사용해 녹차를 우리고 작은 다완으로 하루에도 몇십 잔씩 차를 마셨다고 한다.

이 당시, 사치병으로 알려진
통풍으로 고생하던 왕들에게
차는 신비로운 명약이었어.

궁정에 끽다 문화를 가져온 영국왕의 바람기

영국의 궁정에 차를 마시는 문화를 들여온 사람은 1662년 포르투갈의 명문 왕가 브라간자 가문에서 찰스 2세에게 시집온 캐서린 왕비다. 정략결혼으로 시집온 캐서린 왕비는 막대한 지참금을 가지고 왔다. 인도의 봄베이(현재의 뭄바이—옮긴이), 모로코의 탕헤르(모로코 북단 지브롤터해협에 있는 항만도시—옮긴이)와 같은 영지 외에, 모든 사람을 놀라게 한 것은 세 척이나 되는 배의 바닥에 포르투갈의 영지 브라질에서 생산된 설탕을 가득 싣고 왔다는 사실이었다.

말도 통하지 않는 먼 이국땅에 시집가는 딸을 생각하는 부모의 마음이었는지, 시집올 때 들고 온 살림 중에는 차 상자에 채워온 차와 차 도구도 있었다. 캐서린 왕비는 영국 포츠머스(영국 햄프셔주 남동부의 항구도시—옮긴이)항에 도착하자마자 뱃멀미를 낫게 하는 약으로 차를 우려달라고 부탁했다고 해서 "최초로 차를 마신 영국 왕비(The First British Tea-Drinking Queen)"라 불렸다.

"쾌활한 국왕"으로 불렸던 젊고 핸섬한 찰스 2세에게는 많은 애첩이 있어서, 신혼의 캐서린 왕비는 홀로 침실에서 차를 마시며 외로움을 달랬다. 고향 포르투갈을 생각하며 귀한 중국차에 아낌없이 설탕을 넣고 차 도구를 다뤄가며 즐기는 모습은, 캐서린 왕비의 속마음과는 달리 대단히 사치스럽고 세련된 모습으로 비쳐 모든 사람이 모방하기 시작했다.

머지않아 캐서린 왕비는 귀부인들을 초대해 궁정 안에서 다회를 열었다. 어린 시절부터 포르투갈 왕가에서 늘 즐겨 하던 에티켓으로 중국제 찻장에 다기를 진열해두고 주니(철분이 많은 흙을 사용해 무유로 구운 적갈색의 도기—옮긴이) 차호나 자니(철분이 많이 섞인 도자기의 검붉은 빛—옮긴이) 차호, 손잡이나 잔 받침이 없는 다완을 사용해, 극도의 사치라고 할 수 있는 설탕을 넣은 차를 빵과 함께 대접했다. 이렇게 차를 마시는 시간만이 그녀의 마음을 편안하게 만들어주었다.

자식을 낳지 못하고 영국 생활에도 적응하지 못했던 캐서린 왕비는 찰스 2세가 타계한 후, 영국 왕실에 '다회'라고 하는 궁정의 끽다 관례를 선물로 남기고 포르투갈로 귀국했다.

이렇게 화려한 다회 관습은 궁정 내에서 귀족들 사이에 확산했고, 사교로서 그 의미가 커져갔다. 또한 일본의 다도를 본보기로 삼아 다회를 모방하는 일도 유행했다. 동양풍으로 꾸민 시누아즈리 방에 먼바다를 건너온 다도 도구 세트를 가지런히 늘어놓고, 최신 유행의 옥양목을 몸에 두르고는 한 손에 부채를 쥐고 일본의 아리타 도자기나 중국의 징더전에서 만든 작은 다완에 녹차를 담아 다회를 즐겼다. 당시에는 이 같은 다회가 최고로 세련된 신분을 상징했다.

The First British
Tea-Drinking Queen

시누아즈리 다회를 트렌드로 격상한 앤 여왕

영국 왕실 가운데서도 차 애호가로 유명한 사람은 1702년에 즉위한 앤 여왕이다. 대단한 미식가로 공무를 보는 사이에도 손에서 찻잔을 놓는 법이 없어 그녀 또한 "드링킹 퀸(Drinking Queen)"이라고 불렸다. 아침에 눈을 뜨자마자 첫 잔을 침대로 대령해 마시는 '베드 티(Bed Tea)'나 아침 식사를 할 때 홍차를 즐기는 '모닝 티(Morning Tea)' 문화도 앤 여왕의 라이프스타일에서 시작되었다.

언니인 메리 2세의 영향을 받아 시누아즈리 애호가였던 앤 여왕은 윈저성에 전용 다실을 마련해 좋아하는 가구와 물건들로 꾸미고, 전용 도자기 장식장에 이마리(일본의 아리타 도요에서 생산되는 도자기로 아리타 도자기라고도 함—옮긴이) 컬렉션이나 다도 도구 세트를 진열해 다회를 열었다.

앤 여왕은 다도 도구에도 혁신적인 변화를 일으켰다. 퀸 앤 스타일이라 불리는 은제 티 포트를 탄생시킨 것이다.

17세기, 캐서린 왕비가 궁정에 퍼뜨린 중국식 엄차법은 중국에서 최고급 도기로 알려진 중국 장쑤성 이싱에서 생산된 작은 찻주전자 '자사차호'를 사용해서 녹차를 내리는 방식이었다. 하지만 사교가로 인기가 높았던 앤 여왕이 여는 다회에는 늘 많은 손님이 모였기 때문에 중국제 작은 다기로는 용량이 부족했다. 손님들을 접대하기 위해 커다란 찻주전자가 필요했지만 영국에는 아직 도기를 굽는 기술이 없었다. 그래서 그녀는 왕실 전용 은 제조업자에게 순은으로 된 고급스러운 서양 배 모양

영국의 여왕(재위 1702~1714년)이며 스튜어트 왕조의 마지막 왕이다. 신교도인 그녀는 명예혁명 때 언니인 메리와 함께 윌리엄(네덜란드 총독 윌리엄) 편에 섰으며, 윌리엄 3세 사후 즉위했다.

의 티 포트 제작을 주문했다. 그렇게 해서 탄생한 티 포트에 찻잎을 넣어 뚜껑을 덮고 우려내 손님들에게 차를 대접했다. 그야말로 영국식 차 만들기였다.

그뿐 아니라 티 포트와 함께 티 캐디(잎차를 보관하는 용도로 만들어진 차 전용 보관 상자—옮긴이)와 티 캐디 스푼(티 캐디 속에서 차를 꺼내는 데 사용하는 스푼—옮긴이)까지 은으로 만들면서 영국 은제 그릇의 세계가 한층 더 발전하게 되었다.

이 시대에 특히 귀중한 대접을 받았던 것은 자기와 칠기였다. 자기는 차이나(China), 칠기는 재팬(Japan)이라 불렀으며 모두 보석과 같은 가치로 거래되었다. 이후 자기는 그 기법이 밝혀지면서 유럽의 독자적인 디자인으로 발전을 이루었으나, 칠기는 원료가 되는 칠(옻—옮긴이)이 유럽에서 생산되지 않았기 때문에 재현하는 것이 불가능했다. 또한 질이 좋은 칠기일수록 유럽의 건조한 기후와는 맞지 않아 수집가들을 고민에 빠뜨렸다. 그윽한 멋이 흐르는 칠흑은 도달할 수 없는 멀고 먼 존재였던 것이다. 그래서 더더욱 칠기는 지금까지도 유럽 사람들의 마음을 설레

퀸 앤 스타일의 서양 배 모양 티 포트는 단순하면서도 세련된 곡선미가 특징으로, 오늘날에도 전 세계에서 사랑받고 있다.

게 하고 있다.

동양풍 가구와 다도 도구로 꾸민 '시누아즈리 스타일'의 다실에서 여성들이 한 손에 부채를 쥐고 차를 즐기며, 다도 도구에 탄복하면서 이야기를 나누는 것. 이 같은 최신 유행을 따르는 앤 여왕의 라이프스타일을 동경하면서 사치스럽고 우아한 티파티가 궁정 안에서 귀족계급으로 퍼져 나갔다. 그리고 이러한 관습은 드디어 애프터눈 티라고 하는 화려한 홍차 문화를 꽃피웠다.

제3기 17세기~18세기 전반:
단숨에 꽃핀 홍차 비즈니스

증권거래소와 보험회사로 발전한 커피하우스

17세기 영국에서는 의외의 장소에서 차 붐이 일어나기 시작했다.

바로 커피하우스였다. 현재 세계 경제의 중추를 담당하고 있는 금융도시 런던의 익스체인지 앨리(런던시의 오래된 동네에 있는 상점과 커피하우스를 연결하는 좁은 골목길—옮긴이)에 커피하우스가 연이어 문을 열었다.

커피하우스는 단순한 카페가 아니라, 신사들이 모이는 사교의 장소이자 여성은 출입이 금지된 남성들의 천국이었다. 입장료 1페니만 내면

왜 이름이 커피하우스일까?
당시 영국에 상륙한 기호품 커피, 차, 초콜릿 중에서 네덜란드가 독점하고 있던 차보다 커피가 한발 앞서서 알려졌기 때문이다. 하지만 실제로는 차의 인기가 더 많았다고 한다. 만약 차가 커피보다 먼저 상륙했다면, 그 이름이 티하우스가 되었을지도 모른다.

최신 미디어였던 신문을 자유롭게 읽을 수 있었으며, 계급과 상관없이 정치가에서 학자, 저널리스트, 상인에 이르기까지 다른 분야에서 일하는 사람들이 교류하면서 유익한 정보를 얻을 수 있었다. 그래서 1페니로 다닐 수 있는 대학이라는 뜻에서 '1페니 대학교'라 불리기도 했다.

커피하우스의 인기 비결은 정보뿐만이 아니었다. 커피하우스에서는 당시 최고의 유행을 선도했던 기호품인 커피, 차, 초콜릿을 먹을 수 있었다.

커피하우스에서 시민들 사이에 차가 스며들게 된 배경에는 몇 가지 이유가 있다. 17세기, 네덜란드 동인도회사가 차 수입을 개시하자, 차 무역의 독점을 둘러싸고 네덜란드와 영국 사이에 세 번에 걸쳐 영국-네덜란드 전쟁이 발발했다. 영국은 이 전쟁에서 승리했고, 차를 직접 거래할 수 있게 되었다. 그러면서 지금까지 마시던 녹차와는 풍미가 다른 발효차의 존재를 알게 되었는데, 이 발효차가 영국인들의 기호에 맞았던 것이다. 게다가 만병통치약인 차가 런던 인구의 4분의 1을 죽음으로 몰고 간 흑사병에도 효과가 있다는 소문이 돌면서, 순식간에 신사들 사이에 널리 퍼지기 시작했다.

이 같은 커피하우스는 가게마다 특징이 달랐다. 예를 들어, 차를 발 빠르게 소개한 개러웨이스 커피하우스에서는 증권거래가 이루어지고 있었다. 선주(船主)와 출자자를 연결해주는 거래의 무대가 되면서 이곳은 후에 런던증권거래소로 발전했다. 그야말로 '자본주의경제의 실험장'이었던 것이다.

또한 선주와 선박 운항 사업주들이 모이는 로이즈 커피하우스에서는 선박 보험 업무가 이루어지고 있었다. 당시에는 아직 보험회사가 없었다. 따라서 선박의 화물처럼 리스크가 큰 보험을 책임질 사람을 찾는 일이 어려웠고, 대개 금융업자와 무역업자가 개인적으로 보험을 책임지고 있었다. 이에 로이즈 커피하우스는 선박 정보를 게재한 〈로이즈 뉴스〉를 발행해 고객들에게 제공하고, 해상보험 업무를 취급하기 시작했다. 이렇게 세계 유수의 보험회사인 '로이즈(Lloyd's)'가 탄생했다.

로이즈 커피하우스는 상거래의 장이면서도 앞서 말한 지식인이 모이는 살롱으로서의 기능도 충실히 수행했다. 이곳에서는 신문이나 광고도 열람할 수 있었기에, 정당이나 저널리즘에서 예술에 이르기까지 '신사들의 살롱'으로 사회에 커다란 영향을 미쳤다.

Column

홍차는 배 바닥에서 발효되면서 우연히 탄생했다?

혹시 이런 이야기를 들어본 적이 있는가?

'옛날, 배에 차를 싣고 중국에서 출발해 영국으로 운반하던 도중, 적도 바로 밑에 있는 인도양의 높은 온도 때문에 배 바닥에 있던 녹차가 발효해 우연히 홍차가 탄생했다.'

낭만적이라서 정말로 믿고 싶어지는 이야기지만, 차가 배에서 발효되었다는 이야기는 사실이 아니다. 녹차는 제조 과정에서 열을 가해 발효를 정지시켜 산화효소의 작용을 막아서 만든 것이기 때문에, 아무리 배 바닥이 고온이더라도 완전발효가 진행될 수 없다. 가령 어떤 반응이 일어나 변질되었다고 해도, 반발효차인 우롱차가 탄생했다는 이야기는 어느 정도 말이 되지만, 우연히 홍차가 탄생했다고 하는 것은 논리적으로 말이 되지 않는다.

사실, 홍차 탄생에 관해서는 중국에도 여러 가지 설이 있는데, 지금까지 완벽하게 밝혀지지는 않았다. 홍차의 발상지이자 '세계 홍차의 시조'로 알려진 푸젠성 우이산 동목촌에는 다음과 같은 이야기가 전해지고 있다.

동목촌은 예로부터 영국으로 수출하기 위한 녹차를 만들어왔다. 중국이 명나라에서 청나라로 교체되던 17세기의 혼란기, 마을 사람들이 차 가게에 모여 차를 만들고 있었는데 군대가 쳐들어와 제조 공정이 도중에 멈추는 일이 생기고 말았다. 군대가 떠나고 난 뒤, 차 가게로 돌아와 보니 찻잎이 발효가 진행되어 검게 변했는데, 귀중한 찻잎을 버리기 아깝다고 생각한 마을 사람들은 젖은 찻잎을 건조해서 상인들에게 내다 팔았다.

그렇게 발효가 된, 말하자면 실패작이었던 차가 유럽으로 건너가서 대성공을 거두었다. 비발효차인 녹차에 비해 유럽의 경수에서도 맛이 잘 우러나오는 데다 설탕이나 우유와도 잘 맞아서 주문이 끊이지 않았다.

"이 차는 무슨 종류인가요?"라는 질문을 받았을 때, 찻잎의 색을 검은 까마귀에 빗대어 "까마귀차"라고 대답하면서 이것이 Black Tea(홍차)의 어원이 되었다.

중국인의 지혜가 담긴, 공부차

이 이야기에는 또 한 가지 흥미로운 사실이 있다. 찻잎을 건조하기 위해 모아둔 나무가 마침 소나무였는데, 이 소나무를 태웠더니 찻잎이 연기를 빨아들여 독특한 훈연향이 났다고 한다. 중국인들은 '한방약 냄새'가 난다며 이 차에 아무도 흥미를 보이지 않았지만, 영국인들은 '동양적이면서 이국적인 향'이라며 상류계급 사이에서 열광적인 인기를 끌었다.

이것이 '정로환 홍차'라 불리는, 그 유명한 '랍상소우총'이다.

랍상소우총을 처음 마시는 사람은
티백으로 마셔볼 것을 추천해.

아마 우연히 만들어졌던 차는 반발효차였을 것으로 추측된다. 홍차, 녹차, 우롱차와 같은 분류는 나중에 이루어진 것으로, 당시 영국 사람들은 찻잎이 녹색인 차를 '그린 티(비발효차)', 거무스름한 차를 '블랙 티(발효차)'로 구별했다.

발효 정도가 높으면 높을수록 고가에 팔린다는 사실을 알게 된 중국의 차 제조업자들은 영국인들의 기호에 맞게 발효도를 높여갔다. 그리고 시행착오 끝에 18세기에 들어서면서 완전발효차인 홍차가 탄생한다.

비슷한 이야기가 중국의 다른 지방에도 있어서 신뢰성은 매우 낮지만, 배울 점은 있다. 시장은 최종소비자가 원하는 방향에 따라 다양하게 변화한다. 생산자에게 돈이 되는 차나무였지만, 그들은 단지 자신의 편의와 취향만 고집하지 않았다. 그 대신 영국인들이 비발효차에서 발효차로 취향이 변화한 것을 간과하지 않고 수요의 변화에 맞춰 창의적인 공부를 했다. 홍차는, 발효차를 '공부차(工夫茶)'라고 불렀던 중국인들의 지혜가 담긴 선물이다.

랍상소우총을 처음 마시는 사람들에게는 포트넘 앤 메이슨을 추천한다.
백화점이나 인터넷에서 구입할 수 있다.

영국 홍차 역사의 산증인, 트와이닝

홍차의 역사를 말할 때 빼놓을 수 없는 것이 영국 왕실 납품 인증을 받은 '트와이닝'이다. 오래전부터 사랑을 받아왔기 때문에 부담 없는 캐주얼한 브랜드로 오해하고 있는 사람이 많은데, 트와이닝의 역사는 영국 홍차의 역사이며, 트와이닝은 유서 깊은 노포 브랜드다.

18세기, 산업혁명으로 큰 성장을 이룩한 영국 사회에는 새로운 계급이 생겨났는데, 바로 상류계급과 노동자계급의 중간층에 해당하는 신흥계급 부르주아였다. 무역업과 제조업에서 성공한 부르주아들은 작위는 없지만, 경제적인 풍요를 손에 쥐고 마치 귀족과 같은 생활을 누리게 되면서 신분을 상징하는 차에도 깊은 관심을 나타냈다. 이런 분위기 속에서 차 비즈니스의 가능성을 발견한 사람은 트와이닝의 설립자 토머스 트와이닝(Thomas Twining)이었다.

잉글랜드 서부 글로스터셔에서 태어나 동인도회사의 무역업무에 종사했던 트와이닝은 '차는 반드시 거대한 비즈니스가 될 것'이라고 내다보고, 서른하나의 나이에 사업을 결심한다. 1706년, 그는 런던 도심에서 떨어진 스트랜드에 있던 커피하우스를 사들여 '톰즈 커피하우스'를 오픈하면서 신규 사업을 시작했다.

그 당시는 그야말로 커피하우스의 전성기였다. 어디를 가든 커피하우스가 우후죽순처럼 생겨났고, 그만큼 레드오션 시장이었다. 다른 커피하우스와의 차별 전략으로 트와이닝은 그곳을 차를 마시는 장소로만 한정하지 않았다. 엄선한 양질의 찻잎을 다양하게 구비해놓고, 직접 맛을 본 다음 고객이 원하는 양만큼 살 수 있도록 했다. 원래 비즈니스에 몸담고 있었던 능력을 활용해 찻잎도 판매한 것이다.

이 전략이 히트하면서 찻잎의 매상이 크게 오른 톰즈 커피하우스는 사업을 확대해 나갔다. 1717년에는 이웃 상점을 사들여, 트와이닝의 전신이 되는 영국 최초의 차 전문점 '골든 라이언'을 오픈하면서 소매업뿐 아니라 도매업까지 확장했다.

나아가 트와이닝은 왕족과 귀족들의 살롱에서 여성들이 차를 즐겨 마신다는 사실에 주목했다. 하지만 커피하우스는 금녀의 구역으로 여성들의 출입이 허락되지 않았다. 그래서 골든 라이언에서는 남녀 구분을 없애고 신분이나 계급에 상관없이 찻잎을 구매할 수 있도록 만들었다.

이 같은 전략에 힘입어 비즈니스는 급성장했고 사업도 확대되기 시작했다. 1837년, 트와이닝은 홍차 전문점으로는 처음으로 빅토리아 여왕으로부터 영국 왕실 납품 인증인 '로열 워런트'를 받았다.

창업 300년째를 맞이한 지난 2005년, 스트랜드 본점을 방문했을 때 10대 오너인 스티븐 트와이닝과 대화를 나눌 기회가 있었다. 그에게 홍차 비즈니스를 하면서 가장 중요하게 생각하는 점은 무엇인지 묻자 "전 세계에 있는 양질의 찻잎을 엄선하고 고객이 원하는 것을 상품화해 전달하는 것이 나의 사명"이라는 대답이 돌아왔다. 이는 창업자인 토머스 트와이닝이 사업을 시작했을 때 지녔던 바로 그 철학이었다.

가족 사업에서 어려운 점은 경영이념을 계승하는 일이다. 사업이 후

팁의 시초

팁 문화를 발 빠르게 도입한 것도 트와이닝이었다. T.I.P.(To Insure Promptness, 신속한 서비스 확보)라고 적힌 나무상자에 동전을 넣으면 우선적으로 서비스를 받을 수 있는 시스템은 큰 화제를 모았다.

대로 이어지면서 진지한 마음이 사라져버리는 일도 종종 있다. 하지만 트와이닝 가문은 전통을 소중히 여기고 창업자의 철학을 면면히 이어 왔다.

특히, 4대손 리처드 트와이닝은 보스턴 차 사건(영국이 당시 식민지였던 미국에 시행한 홍차 과세 문제에 반발해, 1773년 12월 16일 매사추세츠만 식민지 주민들이 영국 본토로부터 차 수입을 저지하기 위해 영국 선박을 습격해서 사치품이던 차 상자들을 바다에 폐기한 사건—옮긴이)의 원인이 된 홍차 조례의 철회를 영국 정부에 요구하고, 감세법을 촉구해 홍차를 일반인들에게 보급하는 데 크게 공헌했다. 그리고 현재에도 트와이닝은 새로운 비즈니스의 가능성을 모색하며 겸허한 자세로 꾸준히 도전하고 있다.

트와이닝 본점은 지금도 300년 전과 같은 장소에 묵묵히 자리 잡고 있다. 모르는 사람은 그냥 지나쳐버릴 만큼 폭이 좁은 건물은 언뜻 보면

(왼쪽) 트와이닝 본점.
(오른쪽) 가게 안에는 트와이닝 가문과 관련된 자료와 사진이 전시되어 있다.

길고 좁은 방 같은 모습을 하고 있는데, 이는 건물의 폭에 세금이 부과되던 시대의 흔적이라고 한다.

건물 안에는 트와이닝 가문의 가계도와 지금은 골동품이 된 팁 나무 상자, 찻잎을 계량하는 저울, 당시의 귀중한 고객 대장과 장부까지 보존되어 있어, 트와이닝 가문과 영국 홍차가 지닌 역사의 깊이를 피부로 느낄 수 있다. 런던을 방문한다면 꼭 가볼 만한 곳이다.

제4기 18세기 후반~19세기:
차 전쟁의 발발, 영국의 홍차 스파이 작전

점점 전운이 감돌기 시작해.
비즈니스의 범주에 그치지 않고
국가 간의 전쟁으로 번지기 시작하는 차.
이번에는 몇 가지 상징적인 전쟁과 사건을 소개할게.

치솟는 차 세금과 악덕 상행위

18세기, 차에 대한 관심이 높아지면서 그 수요가 늘어나자 네덜란드와의 패권 다툼에 승리한 영국은 차 무역의 지배권을 확대한다. 유럽에만 그치지 않고 미국과 같은 식민지에도 차를 수출하기 시작하면서 동인도회사는 막대한 이익을 얻게 된다.

그 이면에는 차에 부과되는 세금으로 수익을 얻는 정부의 고민도 존재했다. 영국 정부는 차를 사치품으로 간주하고 과세 대상으로 삼아 해마다 세율을 인상했는데, 1748년에는 세율이 무려 119퍼센트에 달했다.

정식으로 수입된 차에는 높은 세금이 부과되었기 때문에, 네덜란드를 경유하는 밀수 루트가 널리 퍼졌다. 밀수에 손을 대는 귀족들과 밀수 전문 무역상으로 큰돈을 버는 부르주아까지 나타나, 차는 이제 영국으로 들어오는 절반 이상이 비정규 루트를 통하는 '밀수산업'으로 발전했다.

또한 악덕 업자로 인한 가짜 차 판매도 횡행했다. 차의 원료인 카멜리아 시넨시스와 비슷한 식물로 가짜 차를 만들거나, 여러 번 우려낸 찻잎을 건조해 밀수 차와 섞어서 부피를 늘리거나, 오래된 차를 유해한 안료로 착색해서 비싼 가격에 강매하는 등 새로운 수법이 속속 등장하고 방법도 교묘해져 갔다. 하지만 가짜 차를 구입하는 일반 시민은 진짜 차의 맛을 몰랐기 때문에, 속고 있다는 사실조차 몰랐다.

밀수와 악덕 상행위는 금지령을 내려도 진정될 기미가 보이지 않았

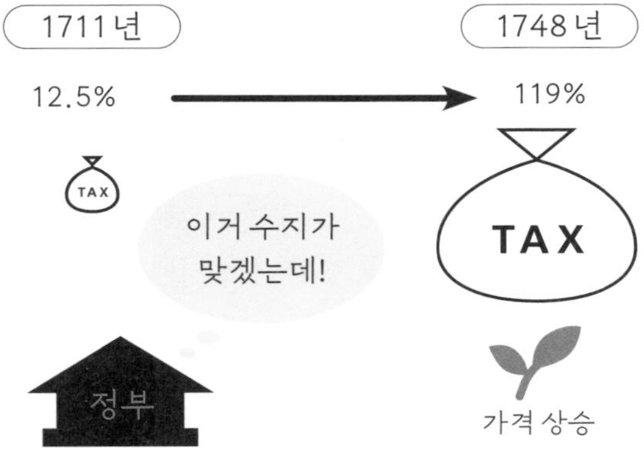

『 정식으로 수입되는 차에 부과되었던 세금 』

다. 세금 수익은 줄어들었고, 국민의 불만은 높아져 정부로서는 심각한 문제를 떠안게 되었다.

이때 행동에 나선 사람이 당시 업계의 대표였던 트와이닝의 4대 오너 리처드 트와이닝이었다. 그가 진언한 후, 1784년 정부는 밀수 근절을 목표로 대폭 감세를 단행해 차에 부과하는 세금을 약 10분의 1로 인하했다. 이 같은 감세법 조치로 밀수는 막을 내렸고, 시장의 경쟁 원리도 제자리를 찾았다. 이를 통해 차의 가격이 내려가면서 사치품이었던 차를 일반 사람들도 부담 없이 즐길 수 있게 되었다.

Break Time

보석처럼 귀한 차

17세기, 왕족과 귀족들이 즐겨 마시던 차는 어디까지나 '부유층의 음료'였다. 차 가격이 노동자들의 연봉과 맞먹었기 때문에 일반 시민들에게 차는 머나먼 이야기였다. 차는 대단히 귀중한 물건이라서 귀족들은 '티 캐디'라 불리는 열쇠가 달린 나무상자에 차를 넣어서 침실에 보관했다. 그리고 주인은 늘 몸에 열쇠를 지니고 다녔으며, 취침 중에는 목에 걸고 있을 정도였다. 열쇠를 지니고 있지 않으면 하인이 찻잎을 꺼내 가는 일이 생겼기 때문이다. 그만큼 차는 보석과 같은 귀한 대접을 받았다.

세계사를 뒤흔든 사건의 진상①: 보스턴 차 사건

1775년에 발발한 미국 독립 전쟁에도 차가 얽혀 있다. 미국 하면 커피를 좋아하는 이미지가 강하지만, 18세기 당시 영국의 식민지였던 지역에서는 신분을 상징하는 수단으로 차를 즐겨 마셨다. 당시 뉴욕에는 야외에서 차를 즐기는 티가든이 200여 군데 생기면서, 길거리에 티 워터를 파는 사람들의 목소리가 울려 퍼졌다.

영국은 프랑스와의 7년 전쟁[*]에서 승리했지만, 막대한 비용을 지출하는 바람에 그 부채를 메꾸기 위해 미국으로 수출하는 차에 200퍼센트나 되는 무거운 세금을 부과했다. 이에 반발한 미국의 민중들은 '차를 마시지 말고 허브티를 마시자!'며 세이지나 캐모마일 티 같은 대용차나 커피를 마시며 보이콧운동을 시작했다. 부당한 차 조례에 대한 저항의 불꽃이 각지로 튀면서 역사적인 보스턴 차 사건으로 발전했다.

1773년 12월 16일, 보스턴항에 차 상자를 실은 배가 입항하자, 급진파 시민 50명이 원주민인 인디언 모호크족으로 분장하고 배에 올라타 "보스턴항을 거대한 티 포트로!"라고 외치며 차 상자 342개를 바다로 던져버렸다. 이에 항구 전체가 갈색으로 물들었는데, "보스턴에서 잡힌 물고기는 차 맛이 난다"라는 농담이 아직까지도 전해지고 있다. 이 사건 이후, 반영 감정은 더욱 커져 각지로 퍼져 나갔고, 무력 충돌을 일으키면서 독립운동의 방아쇠가 되었다. 그리고 마침내 1776년 7월, 미국은 꿈에 그리던 독립을 이루게 되었다.

[*] 1756년부터 1763년까지 벌어진 프로이센과 오스트리아의 대립을 축으로 한 전쟁이다. 영국과 프랑스가 북미와 인도 식민지에서도 전쟁을 벌이며 전 세계적인 규모로 전쟁이 확산했다.

한편 보스턴 차 사건의 영어 명칭은 보스턴 티파티(The Boston Tea Party)다. 왜 여기에 '티파티'라는 이름이 붙은 걸까? 파티(party)에는 정당이나 파벌이라는 의미도 있지만, 영국 국왕 조지 3세가 과격한 티파티(여기서는 연회라는 의미)를 연 것에 대한 빈정거림이 섞인 것이라고 역사가들은 해석한다.

아무튼 보스턴 차 사건이 많은 미국인을 '차를 즐기는 사람'에서 '커피를 즐기는 사람'으로 바꾸어놓은 계기가 된 것은 분명하다. 영국은 많은 것을 잃었다. 보스턴 차 사건으로 인해 영국이 입은 찻잎의 손해액은 백

THE DESTRUCTION OF TEA AT BOSTON HARBOR.

〚 보스턴 차 사건 〛

정치운동으로 재탄생한 티파티

티파티운동은 최근 미국에서 포퓰리즘으로 부활하고 있다. '작은 정부'를 주장하는 보수파가 내건 슬로건으로, 보스턴 티파티(보스턴 차 사건)에서 이름과 상징성을 차용해 왔다. 세금 낭비에 항의하는 의미인 'Taxed Enough Already'(이미 충분한 세금을 냈다)에서 머리글자 TEA를 따왔다.

만 달러 이상이었으며, 최대의 차 수출상대국에서 북미 식민지까지, 헤아릴 수 없을 만큼 많은 것을 손에서 놓아야 했다.

세계사를 뒤흔든 사건의 진상②: 아편 전쟁

1997년, 홍콩은 영국에서 중국으로 반환되었다. 그 역사의 이면에도 영국과 차의 관계가 깊이 얽혀 있다. 바로 1840년에 발발한 아편 전쟁 얘기다.

19세기, 영국 내에서 차의 수요는 꾸준히 늘어갔다. 일본이 쇄국 상태였기 때문에, 차 수입은 중국에 의존할 수밖에 없었고 수입량도 계속 증가했다. 당시 대금 결제는 은으로 했는데, 은의 유출과 함께 시세가 급등하면서 경제가 혼란에 빠져버렸다. 영국이 은을 회수하기 위해 주목한 것은 아편이었다. 식민지 인도에서 양귀비로 만든 마약인 아편을 중국으로 밀수출하고, 차 대금으로 지불한 은을 인도를 경유해서 회수하는 이른바 '삼각무역'을 시작한 것이다.

영국은 산업혁명으로 대량생산이 가능해진 견직물을 인도의 은과 교환하는 데 성공했다. 한편, 원래 진정작용이 있는 아편을 파이프로 빨아들이는 문화가 있던 중국에서는 아편 중독자가 속출했다. 청나라 정부는 아편금지령을 내렸지만 관리들에게 뇌물을 주는 일이 빈번하게 발생하면서 밀매는 묵인되었고, 아편이 퍼지는 것을 막을 수 없는 상태가 되어 밀수량은 늘어만 갔다. 그러자 대량의 은이 영국으로 유출되는 결과를 낳아 인플레이션이 발생했고, 중국 경제가 대혼란 상태에 빠지면서 중국과 영국의 입장은 역전되었다.

성인 세 명 중 한 명이 중독될 정도로 아편이 만연한 중국에 위기의 그림자가 드리웠다. 중국은 아편 밀매상을 추방하고 무역금지령을 내렸다. 이에 영국이 무력으로 대항하면서 아편 전쟁이 발발했다. 1840년부터 2년여에 걸쳐 계속된 전쟁은 영국군의 압승으로 끝이 났다. 이 전쟁의 결과 체결된 불평등조약이 다섯 개의 항구를 개항하고 홍콩섬의 양도를

아편 전쟁은 현재 홍콩 정세를 이해하기 위해서도
꼭 알아두어야하는 사건이야.

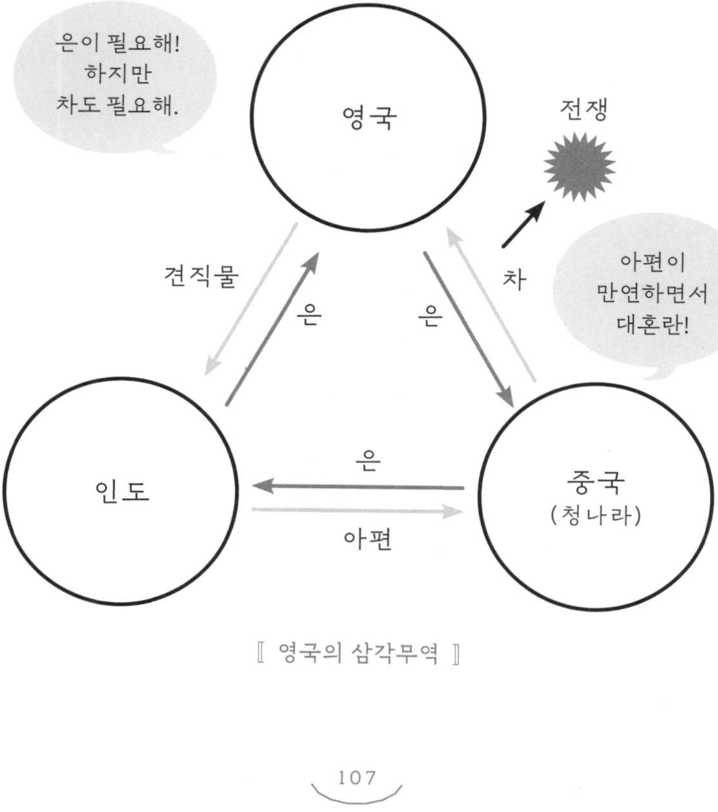

〚 영국의 삼각무역 〛

포함한 난징조약이다. 이에 따라 홍콩은 99년간 영국의 조차지가 되었다. 이처럼 아편 전쟁은 세계의 세력 구도를 바꾸는 커다란 사건이었다.

그 후, 1997년 홍콩은 중국으로 반환되었다. 그때 '향후 50년간은 자본주의 체제와 생활양식을 유지한다'라는 1국 2제도가 국제공약으로 맺어졌는데, 약 25년이 지난 요즘, 홍콩 정세는 요동치고 있다.

한잔의 차가 세계사를 뒤흔드는 사건을 일으키고, 그 역사가 지금까지도 이어지고 있다는 사실을 통감하게 되는 대목이다.

홍차 스파이가 목숨을 걸고 빼내 온 차나무

보스턴 차 사건과 아편 전쟁을 야기한 본질적인 문제는 중국이 차 시장을 독점하고 있다는 점이었다. 이 문제를 타파하기 위해 영국은 장대한 계획을 세웠다. 이름하여 '영국제 국산 홍차 프로젝트'. 차의 수입을 중국에 의존하지 않고 중국과 국경을 접하고 있는 영국령 인도에서 자국의 차를 생산해 차 무역의 주인공 자리를 중국으로부터 탈환하는, 이른바 국가의 위신을 건 일대 사업이었다.

자국 영토에서 차를 재배하는 일은 영국에게는 오랜 기간에 걸친 염원이었다. 이에 대한 여론까지 고조되자, 영국은 인도에 진출함과 동시에 수면 아래에서 끊임없이 그 방법을 모색했다.

한편, 중국에서는 돈이 되는 차나무가 나라 밖으로 반출되는 것을 금지했으며, 차 제조법을 국가 최고 기밀사항으로 여겼다. 따라서 영국인은 차 재배법은 물론, 녹차와 홍차가 같은 나무에서 나온다는 사실조차 몰랐다.

그래서 영국은 중국으로 뛰어난 실력을 갖춘 식물 헌터, 말하자면 '차 스파이'를 파견한다. 그의 이름은 로버트 포천(Robert Fortune)으로, 전 세계의 진귀한 식물을 채집해서 돌아오는 식물 헌터 였다. 일본에도 에도 시대에 야산을 다니며 약초를 채취하는 '채약사'나 유용한 식물을 연구하는 '본초학자'가 있었지만, 식물 헌터는 이들의 이미지와는 거리가 있었다. 식물 헌터는 미지의 식물이라는 사냥감을 찾아 비경과 산속을 이리저리 다니는 '죽음을 두려워하지 않는 탐험가'라는 표현이 더 어울렸다.

미션 하나. 중국에서 몰래 차나무를 훔쳐라

식물 헌터인 포천에게 부여된 첫 번째 미션은 '중국에서 차나무를 훔쳐 나와 인도로 가져오는 것'이었다. 스코틀랜드의 작은 시골 마을에서 태어나 학력은 물론 지위도 없던 포천에게 이 일은 고된 노동자계급의 생활에서 벗어나 출세를 할 수 있는 일생일대의 기회였다. 도대체 그는 어떤 방법으로 중국에 숨어들어 갔을까?

1848년, 포천은 중국의 상급 관리로 위장해 상하이에 잠입하는 데 성공한다. 이를 위해 머리를 밀어 변발 가발을 쓰고 중국옷을 입었으며, 중국인 통역과 심부름꾼까지 대동했다. 영국은 아편 전쟁을 통해 홍콩의 조차에 성공했지만, 중국 본토에서 영국인의 자유로운 왕래는 허용되지 않았다.

식물 헌터 중에는 국가나 기업, 귀족이 고용한 '전속 채집가'도 있었지만, 정원사나 목수의 둘째 또는 셋째 아들로 일확천금을 노리고 혼자 히말라야산맥을 돌아다니는 사람도 있었다. 밀입국과 밀수출은 당연한 일이었다. 해적에게 습격을 당하거나 범죄자로 잡히기도 해서 대단히 위험하지만, 대신 높은 수익을 얻을 수 있는 직업이었다.

스파이 수업을 통해 중국어를 습득하고, 젓가락 사용법과 같은 동양의 생활양식을 배웠던 포천은 현지에 적응해나간다. 때로는 뇌물도 써가면서 마침내 관계자 이외에는 출입 금지 구역이었던 차의 원산지 안후이성에 당도한다. 그리고 그곳에서 홍차와 녹차가 같은 나무로 만들어진다는 사실을 밝혀냈다.

이때, 그는 400여 그루나 되는 묘목을 반출하는 데 성공했다. 그런데 식민지 인도로 운반하면서 문제가 생기고 말았다. 배로 이송하는 도중에 묘목에 물을 너무 많이 주는 바람에 씨와 모종이 거의 전멸한 것이다. 안타깝게도 인도 땅에 차가 뿌리를 내리는 일은 실현되지 않았다.

미션 둘. 차나무를 '안전하게' 인도로 운반하라

다음 미션은 '양질의 차나무를 완전한 상태로 운반하는 것'이었다. 이

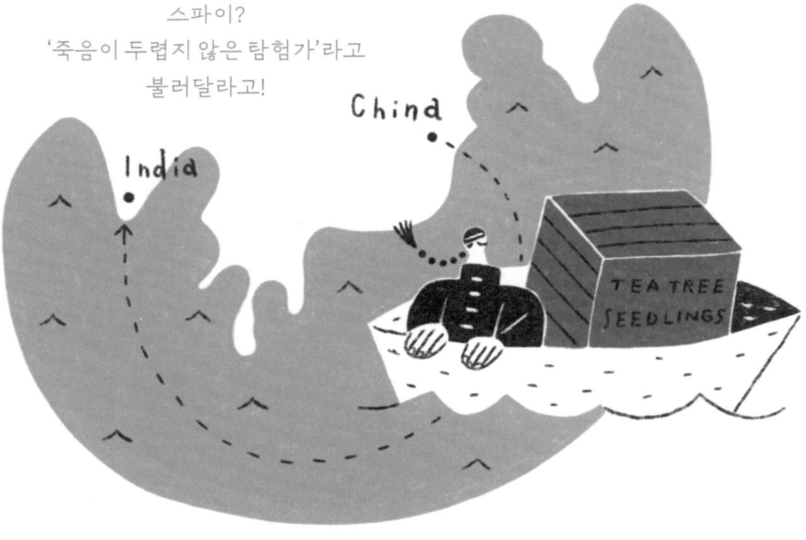

는 지난번 실패에 대한 포천의 복수전이었다.

첫 번째 임무에 실패한 포천은 다음 목표로 홍차의 발상지로 알려진 우이산에 잠입을 시도했다. 수묵화의 세계로 빠져든 것 같은 산골 마을에 들어가 신분을 숨기고 사원에서 지내면서, 포천은 현지의 차 제조업자와 접촉해 차의 비법을 알아내고 세세하게 기록했다. 그러고는 만 개가 넘는 묘목과 씨 그리고 홍차 제다 기술을 가진 기술자를 데리고 나와 인도로 향했다. 이송 시에는 '워드의 상자'라고 하는 테라리엄(식물을 기르는 데 쓰는 유리 용기—옮긴이)을 사용해서 세심한 주의를 기울였다. 그리고 마침내 이번에는 무사히 콜카타에 도착하는 데 성공했다.

차 재배를 위해 선택한 곳은 인도에서도 우이산과 기후가 비슷한 히말라야의 산기슭 마을, 다르질링(Darjeeling)이었다. 이렇게 영국은 오랜 기간 염원이었던 중국종 차의 재배에 성공하게 되었다. 몇 년 뒤에는 전 세계를 사로잡은 홍차계의 샴페인 '다르질링'이 탄생하면서 인도 차산업에 커다란 초석을 마련했다.

영국인 의사 너새니얼 백쇼 워드(Nathaniel Bagshaw Ward)가 발명한 식물 보존 용기. 워드는 런던의 대기오염 때문에 정원에 피어 있던 양치식물은 전멸한 반면, 유리병에 넣어놓았던 양치식물은 무사히 성장한 사실에 주목했다. 그는 밀폐성이 높은 유리 안에서는 식물에서 나오는 수분이 순환해 물을 주지 않아도 광합성작용을 하며 식물이 성장한다는 사실을 발견했고, 유리로 테라리엄을 만들었다. 워드의 상자가 발명되면서 식물의 장거리 이송이 가능해졌다. 귀중한 식물을 채취해서 가져오는 도중에 마르지 않아 식물 헌터들의 고민이 해결되었다.

Column

투자 대상이 된 희소 식물

"식물 헌터라니 전설이겠죠?"라며 반신반의하는 사람도 있겠지만, 확실한 증거가 있다.

영국의 위도는 북위 51도로, 이는 일본의 홋카이도보다 북쪽이며 사할린의 북부에 해당하는 위치다. 이렇게 위도가 높은 영국에서는 남쪽 나라의 이국적인 식물이 오래전부터 동경의 대상이었다.

17세기에는 지중해산 오렌지나 레몬 기르기가 유행하면서, 왕족과 귀족들이 정원에 '오랑제리'라고 하는 유리 온실을 만드는 것이 신분을 나타내는 행위가 되었다. 궁전과 같은 오랑제리에서 파티를 열고, 그곳에 희소가치가 높은 꽃이나 식물을 장식함으로써 죽음이 두렵지 않은 식물 헌터를 고용할 재력이 있다는 사실을 과시했다. 이 모두 자신의 지위를 공고히 만드는 장치였다. 런던의 켄싱턴궁전 안에 있는 오랑제리는 당시의 시대상을 반영한 귀중한 건축물이다.

또한 네덜란드에서 벌어진 튤립 버블(17세기 네덜란드의 튤립이 막대한 부를 창출한다는 소문이 확산하면서 튤립 가격이 치솟고 전역에 투기 열풍이 불었던 현상—옮긴이)로 상징되듯이, 귀한 식물은 투자 대상이 되기도 했다.

식물의 가치가 상승하고 의뢰인들이 보다 귀한 식물을 원하게 되면서, 식물 헌터의 무대는 아시아, 중남미, 카리브해를 비롯한 전 세계로 확대되었다. 특히 인기가 있었던 난(蘭)이나 양치식물에는 천정부지의 가격이 매겨졌다고 한다.

제5기 19세기:
영국 홍차 문화의 진수, 애프터눈 티의 탄생

홍차 나라의 열쇠를 쥔 절대금주주의운동

영국에 최초로 건너간 차는 녹차였다. 하지만 영국에는 처음부터 차에 설탕이나 우유를 넣어서 마시는 문화가 있었고, 영국의 물은 경수라 홍차를 우렸을 때 더 적합했기 때문에, 발효도가 높은 차를 즐기는 경향이 있었다.

차 생산국인 중국은 이와 같은 수요의 변화에 맞춰 발효도를 높이는 연구를 거듭한 끝에 19세기에 들어설 무렵에는 수출 대부분을 발효차가 차지하게 되었다.

한편, '자국 영토에서의 차 재배'를 모색하고 있었던 영국은 1834년에 차 위원회(The Tea Committee)를 설립했다. 영국은 로버트 포천이 가져온 중국종 차나무뿐 아니라 인도에서 자생하던 아삼종 차나무의 재배와 육성에도 성공했다. 이를 계기로 식민지였던 인도와 스리랑카에서 대규모 플랜테이션을 통한 홍차 생산을 시작하면서 영국제 국산 홍차라는 일대 산업은 급속하게 발전했다.

산업혁명으로 큰 성장을 이룩한 영국은 전 세계의 패권을 거머쥐고 바다 일곱 군데를 지배하며 해가 지지 않는 '대영제국'으로서 영광스러운 빅토리아 시대에 돌입했다. 그리하여 영국 홍차 문화의 상징인 애프터눈 티가 탄생하면서 그 우아한 문화는 귀족에서 중산계급까지 물 흐르듯이 확산하기 시작했다.

이 시대에는 영국 계급 피라미드의 대부분을 차지했던 노동자계급의 생활도 변화하기 시작했다. 국가의 번영은 극에 달했지만, 시민들 사이에는 '알코올 중독자의 만연'이라는 심각한 문제가 있었다. 귀족들의 호화로운 생활과는 반대로 산업혁명을 지탱하는 노동자계급 사람들은 가혹한 노동에 시달리고 있었다. 그들은 스트레스를 발산하고 몸을 따뜻하게 만들기 위해 에일과 진과 같은 '물보다 싼 술'을 마시면서 생활했다.

그 결과 영국은 알코올 의존국이 되었고, 이를 계기로 정부는 대대적인 금주 캠페인 '티토털(Teetotal)'을 내세웠다. Teetotal은 절대금주주의를 나타내는 단어로, 여기에 Tee와 Tea를 언어유희로 사용해 캠페인

여왕과 함께 차를!

공장에서도 티 브레이크(Tea Break)가 도입되었다. 노동자들이 빅토리아 여왕의 초상화를 바라보면서 '지금 우리와 함께 차를 마시고 계신 여왕 폐하를 위해서 열심히 일하자!'라는 일체감이 생겨났다. 이로 인해 생산 효율성이 증가하면서 대영제국의 새로운 발전으로 이어졌다.

을 전개했다. 빅토리아 여왕을 주축으로 한 지배계급은 '술 대신 다 함께 차를!'이라고 외치며 시민들에게 금주를 호소했다. 영국국교회도 이를 지지하며 설교 중에 금주를 설득하고, 예배당에서 차를 대접하는 '채플 티 드링커즈'나 '티 미팅'이라 불리는 다과회를 개최하는 등 금주운동을 이어나갔다.

빅토리아 시대 후기, 식민지에서 홍차 재배가 궤도에 오르면서 홍차는 계급을 초월해 모든 국민 사이에 정착했다. 바야흐로 홍차가 영국의 국민 음료로 등극한 것이다. 이렇게 아침부터 밤까지 티타임을 가지면서 살아가는 '영국식 티 라이프'가 완성되었다. 20세기를 맞이할 무렵에는 애프터눈 티도 모든 계급에서 '차를 통한 사교의 시간'으로 정착해, 홍차 문화가 화려하게 꽃을 피웠다.

애프터눈 티의 탄생과 정치가의 파벌 파티

화려한 영국 홍차 문화를 상징하는 애프터눈 티. 애프터눈 티의 발상을 찾아가다 보면 총명한 정치가의 아내가 존재했다는 사실과 마주한다. 앞서 말한 것처럼, party라는 단어에는 '사교를 위한 모임' 외에도 '정당'이나 '파벌'이라는 의미가 있다. 애프터눈 티는 귀부인들의 우아한 사교 모임에서 시작했다는 이미지가 강한데, 그 이면에는 치열한 정치 세계가 숨어 있다.

애프터눈 티의 창시자는 7대 베드퍼드(Bedford) 공작부인 애나 마리아(Anna Maria)다. 남편인 프랜시스 러셀(Francis Russel)은 국회의원으로서 오랜 경력을 가지고 있었으며, 그의 가문에는 영국 수상을 역임한 조지 러셀(George Russel)과 영국을 대표하는 철학자이자 수학자인 버트런드 러셀(Bertrand Russel) 등이 있었다. 그야말로 영국의 초명문가였다.

애프터눈 티가 탄생한 것은 영국에 차가 건너오고 약 200년이 지난 후의 일이다. 바다 일곱 군데를 지배하며 흔들리지 않는 대영제국을 건설한 영광의 빅토리아 시대, 워번 애비의 저택에서 살고 있던 애나가 애프터눈 티를 고안해냈다.

그 계기는 다름 아닌 '공복의 스트레스'였다. 1840년 당시, 귀족들의 식사 스타일은 하루에 두 끼를 먹는 것이었다. 느지막하게 아침 식사를 하고 나서 저녁 8시 이후에 있을 저녁 식사 시간까지 아무것도 먹을 수 없었다. 그뿐 아니라, 그 시대의 여성들은 잘록한 허리를 지녀야 매력적으로 비쳤기 때문에, 허리둘레 53㎝를 목표로 코르셋을 단단히 조이고 무거운 드레스를 걸쳐야 했다. 애나는 오후 4시경이 되면 공복감과 코르셋으로 인한 답답함 때문에 "우울하고 힘이 빠진다"는 말을 무심코 내뱉었다고 한다. 그때 생각해낸 것이 '비밀 다회'였다. 자신의 침실에 홍차와 버터를 곁들인 빵을 가져오게 해서 홀로 즐기는 것을 일과로 삼았다. 천성이 사교적이었던 애나는 이런 우아한 오후 시간에 친구를 초대했고, 이는 머지않아 사교의 시간으로 발전했다.

정치가이기도 한 애나의 남편에게는 접대도 중요한 업무 중 하나였다. 이 시대의 대다수 귀족은 귀족원 의원이라서 저택에는 방문객이 끊이지 않았고, 정치적 책략이 얽힌 파티도 빈번히 개최되었다. 공작이 남성 손님들과 함께 사냥과 사격 🐾을 즐기는 동안, 애나는 부인들을 드로잉

🐾 사냥, 엽총 사냥, 낚시는 19세기 영국 귀족들이 즐기던 3대 컨트리 스포츠다.

룸(여성 손님들이 차를 즐기는 방)으로 초대해 저녁 식사 시간 전까지 티파티를 열어 대접했다.

오랜 옛날부터 파티는 식탁을 둘러싼 권력투쟁의 장이었으며, 남성 사회 그 자체였다. 그러다 젊은 빅토리아 여왕의 강한 리더십 덕분에 시대의 흐름이 바뀌면서 점점 여성이 무대 위로 나서는 기회가 많아졌다. 그에 따라 여성에게도 장식품이 아니라, '지적이며 교양 있는' 행동이나 몸가짐 같은 역량이 중요해졌다. 영국 왕실에도 연줄이 있어 세련된 사교술을 갖추고 있던 애나는 티파티를 통해 정치가의 아내로서 남편을 내조하고, 그의 정치적 입지를 견고하게 다졌다.

이렇게 애나가 시작한 '오후의 홍차'라고 하는 새로운 문화가 바로 애

정통 애프터눈 티가 열리는 저택의 드로잉 룸 모습.

프터눈 티다.

초기의 애프터눈 티는 귀족을 중심으로 한 상류사회에서 몰래 이루어지던 문화였다. 그러다 1841년 빅토리아 여왕이 워번 애비의 저택을 방문해 애나의 대접을 받은 것이 계기가 되어 왕실의 공식 행사로 티파티를 채택했다. 그리고 그때까지 폐쇄적이었던 애프터눈 티는 계급을 초월해 확산하기 시작했다.

그녀의 이름과 처음 애프터눈 티를 시작했던 방 '블루 드로잉 룸(Blue Drawing Room)'의 이름은 영국의 홍차 역사에 선명히 아로새겨져 있다.

영국 귀족들이 동경했던 일본풍 취미, 자포니즘

19세기 영국의 빅토리아 시대에는 애프터눈 티 문화가 화려하게 꽃피었다. 초기에 귀족들의 티파티는 오후 5시경부터 시작하는 방식이어서 파이브 어클락 티(Five O'clock Tea)라고도 불렸다. 왕실의 공식 행사로 발전한 뒤에는 티파티가 계급을 초월해 모든 영국인의 라이프스타일로 정착했다. 그러다 그 시간대가 점점 더 빨라져서 1870년대에는 애프터눈 티(오후의 티파티)라 불렸고, 오후 4시가 되면 온 영국의 주전자가 소리를 내며 울리면서 '티파티 사교'가 벌어졌다.

그 최고의 절정기에 한편으로는 자포니즘(일본풍의 취미) 열풍이 일기 시작했다. 자포니즘의 계기가 된 것은 1862년에 개최된 런던 만국박람회였다. 개회식에는 후쿠자와 유키치(福沢諭吉)를 비롯한 일본의 사절단이 참가했다. 일본 부스가 설치되자 칠기와 판화 같은 미술품과 공예품에 관심이 쏠렸고, 쇄국으로 인해 오랫동안 폐쇄되어 있던 일본에 대한 이국적인 동경심이 더해져, 일본풍 취미가 하나의 트렌드가 되었다.

1885년에는 런던에 일본 마을이 탄생했다. 100여 명의 일본인이 영국으로 건너와 기모노를 입고 다실에서 차를 대접하거나, 칠기나 우키요에(일본 에도 시대 서민 계층 사이에서 유행했던 목판화—옮긴이) 장인이 기술을 선보였다. 이곳에는 총 100만 명이 넘는 사람이 방문해 대성황을 이뤘다.

이 같은 일본풍 취미는 애프터눈 티에도 영향을 끼쳤다. 당시에는 다양해진 라이프스타일에 발맞춰 해러즈(Harrods)와 리버티(Liberty) 같은 백화점이 급성장했다. 백화점 쇼윈도에는 일본을 연상시키는 화조풍월(꽃과 새, 바람과 달, 즉 자연의 아름다운 모습을 가리키는 말—옮긴이)과 벚나무, 동백나무 문양이 곁들여진 티 세트와 식기, 기모노풍 티 가운과 같은 아이

AFTERNOON TEA AT THE JAPANESE VILLAGE, KNIGHTSBRIDGE

런던의 나이츠브리지에 생긴 일본 마을에서 애프터눈 티를 즐기는 사람들.

템이 진열되어 사람들의 구매욕을 자극했다. 자포니즘 티파티를 여는 것은 '아름다운 것에 둘러싸인 삶'을 제창하는 유미주의 여성들에게 신분의 상징이 되었다.

영국은 동양풍 취미(시누아즈리)로 차와 만나, 일본풍 취미(자포니즘)로 차노유와 재회했다. 흥미로운 점은 자포니즘 티파티에서 사용된 도자기와 은제 그릇 대부분이 일본으로부터 수입된 것이 아니라 유럽과 미국에서 제작되었다는 사실이다. 17세기 시누아즈리의 시대에는 영국에 아직 자기를 굽는 기술이 없어서 일본으로부터 많은 도기를 수입해 금은과 같은 가치로 거래되었다. 그런데 19세기 자포니즘의 시대에 기술력을 갖춘 영국은 일본으로 시찰하러 갔을 때 방대한 자료와 서적을 가지고 돌아와 시행착오를 거듭하면서 독자적인 자포니즘 양식을 탄생시켰다.

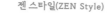

젠 스타일(ZEN Style)

현재 일본과 영국에서는 경계를 허물어 차의 세계를 맛보려는, 일본식과 서양식을 절충한 티파티가 트렌드다. 이마리 도자기나 오래된 노리다케 같은 앤티크 도자기에 모던한 은이나 칠기를 곁들여 꾸미는 젠 스타일로 진화하고 있다.

쇄국정책을 펴고 있던 일본과 산업혁명으로 크게 성장한 영국의 입장은 역전했고, 이 무렵부터 영국제 찻잔과 은제 그릇이 동경하는 고급 박래품(다른 나라로부터 배에 실어 온 물건—옮긴이)이 되었다.

물론 일본과 서양 이 둘에는 상반되는 부분도 있다. '와비(간소한 가운데 깃든 한적한 정취—옮긴이)'와 '사비(한적하고 인정미 넘치는 정취—옮긴이)'로 상징되는 불균형하면서도 불완전한 '마이너스의 아름다움'을 추구하는 동양적인 감성에 반해, 완성되고 균형 잡힌 '플러스의 아름다움'을 추구하는 서양적인 미의식이 그러하다.

얼핏 반대처럼 보이지만, 놀랄 만큼 공통점이 있는 것도 사실이다. 어쩌면 영국인과 일본인의 차에 대한 정신이 다완 속에서 교차하면서, 전통문화의 모습을 바꿔가며 새로운 문화로 재탄생하는 것일 수도 있다.

또 하나의 티파티, 페미니즘 티파티

보스턴 차 사건 외에 역사를 움직였던 티파티가 하나 더 있다. 애프터눈 티(오후의 티파티)는 여성의 독립과 개방 그리고 성평등에도 커다란 영향을 미쳤다.

19세기 이전의 영국에서는 숙녀가 잠깐 차라도 한잔하며 자유롭게 돌아다니는 것은 여성스럽지 않다는 풍조가 있었다. 여성은 겸손하고 순종적이어야 하며, 결혼해서 집안을 지키는 '가정의 천사'가 되는 것을 미덕이라고 여겼다.

빅토리아 시대에 들어서면서 산업혁명으로 경제력을 갖춘 신흥계층(중산계층)이 귀족 못지않은 고급 라이프스타일을 실현하기 시작했는데,

바로 그 중산계층의 주부들이 열광했던 것이 애프터눈 티였다. 귀족 작위처럼 명확한 서열이 존재하지 않는 계급의 여성들에게는 이상적인 집과 정원을 소유하고 남편과 자식들에게 둘러싸여 자신이 얼마나 '가정의 천사'로서 완벽한지를 서로 과시하는, 애프터눈 티와 같은 '생활발표회'가 사교를 위한 절호의 찬스였다.

한편, '신여성'들은 판에 박힌 현모양처 상을 강요하는 영국 사회에 이의를 제기하기 시작했다. 여자다워야 한다며 답답한 코르셋에 속박되어 있던 여성들은 애프터눈 티의 유행과 함께 코르셋을 벗어던지고 몸을 조이지 않는 티 가운을 걸치기 시작했다. 그들이 벗어던진 것은 코르셋뿐만이 아니었다. 정신적인 억압에서도 해방된 것이었다.

그러한 세태를 반영하듯 19세기 후반에 영국 각지에 '티 룸'이 탄생했다. 커피하우스와 달리 그곳은 여성들이 안심하고 자유롭게 차를 마시러 가는 귀중한 장소였다. 신여성들은 다른 사람의 이목에 신경 쓰지 않고 혼자서 티 룸을 출입하며 자유를 만끽하고, 홍차를 마시면서 여성의 자립과 지위 향상에 대한 대화를 나누었다. 이윽고 자유를 추구하며 차를 마시는 여성들의 범위가 넓어지면서 티 룸에는 여성운동가들이 모이게 되었다. 그리고 여성들의 독립심은 커다란 움직임으로 바뀌어 사회를 바꾸는 초석이 되기 시작했다.

같은 시기, 미국에서도 페미니즘이 고조되고 있었다. 1848년에 뉴욕주에서 열린 다섯 명의 티파티는 미국 여성해방운동으로 이어졌다. 언뜻 부인들의 우아한 티파티인 것처럼 보였지만, 한 손에 홍차를 들고 나누던 이야기는 여성을 부당하게 취급하는 것에 대한 불만이었다. 당시 미국에서는 높은 교육을 받은 여성들이 사회문제에 관여하는 풍조가 싹트고 있었는데, 이날 티파티에 참가한 여성들도 높은 의식을 가지고 있던 사람들이었다. 이는 미국 여성운동의 시초가 되는 여성의 권리에 관한 대회인 '세네카 포럼 회의'로 발전했다. 보스턴 차 사건을 발단으로 영국으로부터 독립한 당시의 독립선언문을 기초로 해서 여성의 권리와 참정권을 내세운 것이다.

그 후, 여성참정권 획득을 위한 자금 모집을 위해 티파티를 열고, 초대된 사람들에게는 '여성에게 참정권을!'이라는 슬로건을 내세운 티컵을 나눠주었다. 이 같은 풀뿌리운동은 결실을 맺어, 1920년에 드디어 여성들은 참정권을 보장받았다.

제6기 20세기~현재:
홍차가 맺어준 영국과 일본 그리고 전쟁

홍차를 제일 처음 마신 일본인

처음으로 일본에 홍차가 들어온 것은 메이지 시대지만, 그보다 100년도 더 전에 러시아의 여제 예카테리나 2세의 티파티에 초대된 일본인이 있었다. 그의 이름은 다이코쿠 코다유(大黒屋光太夫)*로, 그가 티파티에

* 다이코쿠 코다유는 파란만장한 인생을 살았다. 그는 200년도 더 전에 가혹한 러시아에서의 생활을 강요당하며 예카테리나 2세의 티파티에 초대받았다. 처음으로 홍차를 접한 일본인이라는 데서 연유해, 11월 1일은 '홍차의 날'로 지정되었다.

초대된 때는 에도 시대였다. 어떻게 쇄국을 펼쳤던 시기에 일본인 남성이, 그것도 먼 러시아 땅에서 궁정의 티파티에 초대받은 것일까?

1782년 12월 9일, 이세(일본의 긴키 지방, 미에현에 있는 도시 이름—옮긴이)에서 뱃사공을 하던 코다유는 기슈번의 어용미를 실은 범선 신쇼호로 시로코항(현재의 미에현 스즈카시)을 출발해 에도로 향하고 있었다. 그런데 도중에 기록적인 폭풍우를 만나 배가 난파하고 말았다. 그렇게 이즈오시마 부근에서 목격된 것을 마지막으로 행방을 감추었다.

코다유를 비롯한 17명의 선원은 8개월이나 되는 표류 생활 끝에 날짜변경선을 넘어 북태평양 러시아령인 암치트카섬에 표착했다. 그곳에서 일본으로의 귀국을 간청했지만 바람은 이루어지지 않았다. 코다유 일행은 러시아어를 배워가며 추위와 배고픔과 싸우면서 시베리아를 횡단해 수도인 상트페테르부르크로 향했다. 그리고 표류한 지 8년여 만에 드디어 예카테리나 2세 알현이 이루어지면서 귀국 문제를 직접 담판 짓게 되었다. 몇 번에 걸친 알현 끝에, 1791년 11월 궁정의 티파티에 초대받은 일행은 예카테리나 2세로부터 귀국을 허가받았다.

10년에 걸친 사활을 건 생존 끝에 일본으로 살아서 돌아온 이는 코다유와 선원 단 두 명뿐이었으며, 일본에 처음 들어온 서양함대는 코다유가 러시아에서 타고 온 송환선이었다. 이 배 안에는 작별 선물로 귀중한 차와 설탕도 실려 있었다.

코다유가 마신 러시안 티는 어떤 맛이었을까?
시대적인 배경에서 보면, 이 차는
오늘날에도 많이 마시는 '러시안 카라반' 블렌드처럼,
중국 홍차와 우롱차를 섞은 반발효차 맛이 아니었을까?

개화의 서막과 일본의 홍차 역사

일본에서 홍차 역사가 시작된 것은 차나무가 전래되고 나서 무려 1,000년이 지난 문명개화의 시대였다. 일본에서 홍차 역사가 짧은 이유다.

1887년, 홍차 100kg이 일본에 수입되면서 홍차는 '박래품인 하이칼라 음료'로 로쿠메이칸(메이지 정부가 마련한 국내외 사람들의 사교장—옮긴이)과 초라쿠칸(교토의 국내외 빈객들을 맞이하기 위한 영빈관—옮긴이) 등을 중심으로 신사 숙녀들 사이에서 조금씩 알려졌다.

1906년에는 메이지야(明治屋, 일본의 고급 식료품 체인점—옮긴이)가 립톤 홍차 옐로 라벨을 수입하기 시작했다. 메이지야의 창업자인 이소노 하카루(磯野計)는 영국 유학 경험을 살려, 1885년 요코하마에 메이지야를 설립했다. 그는 식문화의 개척자로서 일본에 해외의 진귀한 상품을 소개했다. 1927년, 민간기업으로서는 미쓰이(三井)가 발 빠르게 홍차 시장을 겨냥해 일본 최초의 홍차 브랜드 '미쓰이 홍차'(후에 니토 홍차로 개칭)를 출시했다. 하지만 당시의 홍차는 그림의 떡이나 마찬가지였다. 홍차는 재산이 많은 상류층이나 엘리트층이 즐기는 고급품이었기 때문이다.

전장에서의 티타임

2차 세계대전이 발발하자 일본과 영국은 적대국이 되었다. 차를 좋아하는 두 나라. 전쟁의 시기에 차는 이들 나라에서 어떤 대접을 받았을까?

영국

20세기 들어, 영국인에게 티타임은 일상에서 빼놓을 수 없는 존재가 되었다. 영국 정부도 이 같은 인식을 지니고 있었기에 홍차에 제한을 가하는 일에는 주저할 수밖에 없었다. 하지만 1940년부터 홍차는 배급제가 되어 배급대장에 의거해 엄격하게 관리되었다. 연령과 직업에 따라 할당량이 달라졌으며, 이 제도는 전쟁이 끝난 후에도 1952년까지 지속되었다.

한편 최전선에서 싸우는 전사들에게 홍차는 생명줄과도 같은 존재였다. 처칠 수상은 "병사들에게 중요한 것은 탄약보다도 홍차"라고 강조하며, 치열한 전화가 확산하는 와중에도 홍차와 비스킷을 병사들에게 배급했다. 1942년에 영국 정부가 구입한 리스트를 보면, 중량순으로 탄환, 홍차, 포탄, 폭탄, 탄약이었다는 기록이 남아 있다.

전선에서는 홍차를 마시기 위해 전차를 벗어난 병사가 표적이 되는 일이 빈번했다. 이에 병사들이 안심하고 홍차를 마실 수 있도록 전차에도 전차 전용 급탕기가 설치되었다. 급탕기는 장갑전투차의 필수장비가 되었다. 오늘날에도 영국 육군이 사용하는 전투차 대부분에는 최신 급탕기가 설치되어 있다고 한다.

홍차를 우려내는 중요 임무를 맡은 사람을 'BV(Boiling Vessel) 사령관'

이라 부르며 지금까지 계승되고 있다는 뒷이야기의 진위는 제쳐두더라도, 전쟁이라는 비상사태에서도 홍차가 변함없이 중요한 음료였다는 사실은 틀림이 없다. 프랑스군 병사에게 와인이 없어서는 안 되는 것처럼, 영국군에게는 홍차가 에너지를 보충하고 사기를 높이는 비밀병기였다.

일본

쇼와 시대(일본의 연호 중 하나로, 1926년 12월 25일부터 1989년 1월 7일까지의 기간—옮긴이)에 들어서 녹차는 일상생활 속에 정착했으며, 홍차도 조금씩 수입되었다. 하지만 2차 세계대전이 시작되자 적국인 영국 홍차의 수입은 중단되었고, 식재료 부족으로 인해 기호품 중 하나였던 녹차가 제한 작물이 되어 차밭에서는 차 대신 감자나 곡물 등으로 작물을 전환하기 시작했다. 특히 고급스러운 교쿠로나 말차의 원료가 되는 연차(녹차 등의 부스러기 가루를 눌러 굳힌 것으로 말차의 원료임—옮긴이)는 사치품으로 간주해 제다를 금지했다.

1943년, 전선 기지에서 티타임을 하고 있는 병사들.

위기감을 느낀 우지의 다업 조합은 차를 군용으로 써줄 수 있는지 육군항공기술연구소에 타진하기에 이른다. 이에 말차의 효능을 조사한 결과, 각성작용과 비타민 보충용으로 활용 가능하다는 평가를 받아 군의 식량고로 납품을 하게 되었다. 군용으로 채택된 말차는 불급작물(不急作物)에서 제외되었고, 교토의 다업은 간신히 살아남을 수 있었다.

또한 교토부립다업연구소는 당의말차특수양식(고형의 말차에 당분이 들어 있는 피막을 입힌 것)을 개발해서 항공기와 잠수함에 타는 병사들의 피로 회복과 졸음 방지용으로 널리 보급했다.

Break Time

러시아 우크라이나 전쟁과 홍차

2022년 2월에 발발한 러시아의 우크라이나 침공. 이 전쟁은 SNS를 활용해 전 세계에 메시지를 확산하는, 정보전이라는 측면에서 과거의 전쟁과 차이가 있다. 전장에서 보내오는 동영상 중에 특히 기억에 남는 장면이 있다.

러시아 병사가 우크라이나 시민으로부터 받은 홍차와 빵을 먹고 눈물을 흘리는 모습 그리고 우크라이나의 주부들이 키이우(우크라이나의 수도—옮긴이) 교외의 전선 부근에 텐트를 치고 총성이 울려 퍼지는 가운데 자국 병사들에게 홍차를 대접하며 격려하는 모습이다.

당장 내일 어떻게 될지 모르는 병사들에게 한잔의 따뜻한 홍차는 잠시나마 치유가 되었을 것이다. 두 국가 모두 예로부터 대단히 홍차를 사랑해온 나라다. 하루빨리 평온한 티타임을 되찾게 되길 바란다.

전후, 변화하는 일본의 홍차 문화

전쟁이 끝나자 일본에서는 재일 외국인을 위해 호텔용으로 수입하는 차의 양을 확대했다. 하지만 '홍차는 립톤에 한정', '수입업자는 메이지야에 한정'과 같은 규제 때문에 일본에도 밀수품이 들어오거나 암거래가 이루어졌다.

일본의 홍차 역사가 전환기를 맞이한 것은 1971년에 일어난 '홍차 수입 자유화' 때다. 고도의 경제성장과 더불어 라이프스타일에도 변화가 생겼다. 다이닝 테이블에 둘러앉아 '홍차와 토스트'로 아침 식사를 하는 것처럼 서구식 생활이 늘어났다. 이와 동시에 미국에서 널리 퍼진 티백이 일본의 식탁에 오르면서, '립톤과 닛토의 옐로 라벨에 붉은 로고가 붙은 끈이 달린 티백'이 등장했다. 일본식 홍차에는 우유나 레몬과 함께 각설탕을 넣어 달게 마시는 스타일이 퍼져 나갔다.

1975년에서 1985년에는 홍차 선물 시장이 활성화되기 시작했다. 답례용으로 트와이닝의 다양한 티백 세트나 포숑의 골드 장식이 들어간 포장지로 감싼 홍차 캔 등이 크게 유행했다. 찻집에서는 원래 커피를 우릴 때 사용하는 카페티에르(Cafetiere) 에 티 서버라는 이름을 붙여 홍차를 우려내는 세련된 도구로 사용했고, 이 스타일은 각지로 널리 퍼져 나갔다. 쇼와 시대, 홍차 하면 연상되는 이러한 레트로한 시대적 배경이 제1차 홍차 붐의 원동력이었다.

그리고 1985년에서 1995년의 버블기에는 영국 홍차 문화의 상징인 애프터눈 티가 일본에서 트렌드로 자리 잡았다. 영국풍의 티 룸에서 사용하는 '은제 3단 트레이'가 아이콘으로 떠오르면서, 애프터눈 티는 영국제 본차이나(영국식 도자기—옮긴이) 티 세트로 즐기는 우아한 티타임이라는 이미지가 확립되었다.

헤이세이 시대(1989년~2019년)에는 외국계 호텔이 연이어 오픈하면서 애프터눈 티를 제공하는 곳이 늘어났다.

레이와 시대(2019년 5월 1일부터 현재—옮긴이)에 들어, SNS에서 주목

카페티에르는 전 세계에서 다양한 이름으로 불리고 있는 커피 추출 기구다. 쇼와 시대(1926~1989년) 일본에서는 홍차를 우리는 티 서버로 인기를 끌었다.

받는 것을 좋아하는 Z세대 사이에서 애프터눈 티를 즐기는 문화(일본어로 'ヌん活動', Noon 활동)가 유행했다. 코로나19로 해외여행도 가지 못하고 생활 속에서도 많은 제약이 따르는 가운데, 만끽할 수 있는 작은 사치로 애프터눈 티가 주목받았다. 애프터눈 티 열풍은 인스타그램 통해 확대 재생산되며 세대와 성별을 넘어 널리 퍼져 나갔다. 호텔과 음식업계에는 그야말로 구세주가 아닐 수 없었다.

영국에서 건너온 애프터눈 티는 그 개성을 뽐내면서도 차노유 문화와 융합해 독창적인 일본만의 애프터눈 티로 거듭났고, 현재에 이르렀다. 매일 조금씩 변화하면서 진화를 거듭하고 있는 새로운 홍차 문화는 앞으로도 시대와 더불어 그 모습을 바꾸어 나갈 것이다.

홍차의 역사 여행도 이것으로 마무리할 때가 되었다.

자, 그럼 이 장의 첫 부분에서 던진 질문으로 돌아가 보자. 왜 영국은 홍차의 나라로 불리게 되었을까? 여기까지 읽은 사람이라면 이미 답을 알아챘을 것이다.

그 이유는 영국이 애프터눈 티로 대표되는
화려한 홍차 문화를 완성하고
이를 전 세계로 널리 퍼뜨렸기 때문이야.

Column

홍차 왕 립톤이 세상에 알린 철학

노란색 포장에 붉은 글자가 인상적인 립톤 홍차.

전 세계 누구에게나 친근함과 향수를 불러일으키는 립톤 홍차가 성공을 이룬 이면에는 한 사람의 평생에 걸친 꿈이 있었다. 그것은 바로 어린아이부터 노인까지 안심하고 마실 수 있는 홍차를 전 세계에 알려, 빈부에 상관없이 물처럼 마실 수 있는 음료를 만드는 것이었다.

홍차 왕 토머스 립톤(Thomas Lipton)은 1850년에 태어났다. 립톤은 아일랜드의 가난한 농민이었던 부모가 감자 기근에서 벗어나기 위해 이주한, 스코틀랜드의 글래스고 슬럼가에서 성장했다. 그는 부모가 경영하는 작은 식료품점을 도우면서 열 살 때부터 스스로 학비를 벌었으며, 열세 살 무렵에는 실업가가 되어야겠다는 원대한 야망을 품었다. 그리하여 열다섯 살이 되었을 때 꿈에 그리던 미국의 뉴욕으로 홀로 건너가 여러 가지 직업을 전전하면서 비즈니스의 기초를 익혔다. 열아홉 살이 된 립톤은 영국으로 귀국했고, 스물한 살에 고향인 글래스고에 식료품점을 열었다.

"비전을 가지고 결단력 있게 재빨리 행동하라. 그것만이 기회를 포착

할 수 있으며, 기회를 활용하는 길이다." 이것이 일평생 그의 모토였다.

그 모토대로 그는 모든 이익을 점포의 체인을 늘리는 데 썼고, 매주 연이어 새로운 체인점을 오픈했다. 그 결과 총 300개 점포까지 확대하며 해외로도 판로를 전개해 나갔다.

사람들을 사로잡은 유머 넘치는 광고 방식

급성장의 핵심이 된 것은 그의 독특한 마케팅 감각이었다. '사업이 성공하려면 광고 선전이 필수'라는 것을 일찍이 깨달은 립톤은 직접 아이디어를 내놓기도 했다. 그중 하나가 '울퉁불퉁 비포 앤 애프터 거울'이다.

그는 가게의 출입구에 각각 거울을 설치했는데, 입구에는 날씬해 보이는 거울에 '나는 립톤 가게로 들어갑니다'라고 쓴 간판을, 출구에는 뚱뚱해 보이는 거울에 '나는 립톤 가게에서 나왔습니다'라고 쓴 간판을 세웠다. 마치 유원지에 있는 듯한 기분이 들게 하는 아이디어로, 이 거울을 보기 위해 고객들이 끊임없이 가게로 몰려들었다.

립톤은 아이디어를 한 단계 발전시켰다. 이번에는 날씬한 사람과 뚱뚱한 사람을 아르바이트로 고용해서 날씬한 사람에게는 '나는 립톤 가게로 들어갑니다'라고 쓴 플래카드를, 뚱뚱한 사람에게는 '나는 립톤 가게에서 나왔습니다'라고 쓴 플래카드를 들고 거리를 활보하게 했다. 예상대로 이 퍼포먼스는 더욱 큰 화제를 불러일으켰고, 가게는 고객들로 문전성시를 이뤘다.

립톤은 어린이부터 어른까지 '다음에는 또 어떤 재미있는 것이 등장할까?' 하는 기대를 품게 했고, 그러한 기대를 훨씬 뛰어넘는 광고 전략을 내세워 사람들을 즐겁게 만들었다. "광고는 무조건 유머러스해야 하며, 그 광고를 보고 피식 웃음을 유발해 결국 누군가에게 말하고 싶어지고, 그래서 전파되는 것이어야 한다"는 그의 또 다른 모토였다.

이 같은 그의 모토는 오늘날 SNS에서 통용되는 버즈 마케팅(Buzz Marketing, 소비자들이 자발적으로 메시지를 전달하게 해, 상품에 대한 긍정적인 입소문을 만드는 마케팅 기법—옮긴이)에도 통한다. 놀랍게도 20여 년간 매일 새로운 아이디어를 끊임없이 내놓았다고 하니, 그는 출중한 센스의 소유자였음이 틀림없다.

다원 경영에 진출, '세계의 립톤'으로

립톤의 비즈니스 전환기는 1888년에 찾아왔다. 립톤은 홍차 사업으로 진출을 꾀했다. 영국의 '홍차 스파이 작전'이 성공을 거두어 영국제 국산 홍차가 일반인들에게도 보급되기 시작하면서, 전에 없던 홍차 붐이 일었다. 립톤은 당시 홍차 유통에 다수의 도매업자와 중개 브로커가 얽혀 있는데도 이익이 크다는 점에 주목했다.

서민들도 홍차를 구할 수 있게 되었다고는 하지만 아직까지 홍차는 고가의 제품이었다. 직접 매입하면 못해도 30퍼센트 정도의 가격 인하를 실현할 수 있다고 확신한 립톤은 만반의 준비 끝에 오리지널 브랜드를 출시했다. 립톤 홍차는 단지 가격이 저렴하다는 것 외에도, 다른 곳보다 향과 맛이 좋은 고품질이었다. 게다가 홍차의 맛이 물맛에 좌우된다는 점에 주목해, '당신이 사는 지역의 수질에 맞는 완벽한 블렌딩'을 상품 전략으로 내세워 대히트를 쳤다.

철저하게 소비자 입장에서 만든 상품이 고객의 마음을 사로잡아 '립톤 이외의 홍차는 마시지 않겠다'는 심리를 이끌어내며, 티 패커(Tea Packer)의 선두자로서 일약 영국 전역에 이름을 알렸다.

영국에서 성공을 거둔 립톤에게는 또 하나의 사명이 있었는데, 그것은 바로 홍차를 전 세계에 알리는 일이었다. 그래서 그다음으로 도전한 전략은 '다원에서 티 포트까지'였다. 즉, 다원 경영에 나선 것이다.

그가 주목한 것은 인도 인근에 있는 작은 섬나라, 실론(현재의 스리랑카)이었다. 1890년, 직접 현지를 방문해 다원을 연이어 사들이고, 콜롬보 시내에 '립톤 서커스'라 불리는 거점을 세워, 대규모 플랜테이션 경영을 시작했다. 그는 사업주로서 보기 드문 비즈니스 감각을 발휘했고, 이듬해에는 소유하고 있던 다원의 찻잎이 런던 차 경매에서 사상 최고가를 기록하는 영광을 누렸다. 립톤의 명성은 바다를 건너 멀리까지 퍼져 나갔다.

세계시장을 상대로 다원과 소비자를 직접 연결하는 상거래를 성공시키면서 "영국 국기가 나부끼는 곳이라면 어디든 립톤 홍차가 있다"라고 말할 정도로, 립톤은 영국을 대표하는 글로벌기업으로 성장했다.

이 같은 공적으로 립톤은 왕실의 홍차 납품업체로 선정되는 영광을 누렸고, 1898년에는 빅토리아 여왕으로부터 기사 칭호를, 1902년에는 에드워드 7세로부터 준남작의 칭호를 받았다. 가난한 노동자계급에서 토머스 립톤 경(Sir. Thomas Lipton)으로, 영국 귀족의 반열에 들어서게 된 것이다.

참고로, 일본에 최초로 수입 판매된 홍차도 립톤이었다. 쇼와 시대, '립톤 옐로 라벨'은 홍차의 대명사가 되어 '홍차는 립톤 티'라는 이미지가 생겨났다.

립톤은 대부호가 된 뒤에도 사리사욕에 빠지지 않고, "비즈니스만큼 즐거운 일은 없다"라는 좌우명을 걸어놓은 사무실에서 홀로 밤을 밝히며 일을 했다.

립톤 홍차를 마실 때면 그가 실천한 다양한 혁신과 그것에 담긴 생각들을 느껴보면 좋을 것 같다.

기사 칭호를 받는 립톤(1938년 당시의 립톤 광고).

영화로 배우는 홍차

1 타이타닉

Titanic

1997년 | 제임스 캐머런 감독

영국 계급사회의 축소판이라 할 수 있는 타이타닉호의 선내. 그만큼 홍차에 얽힌 장면도 많이 등장한다. 숙녀의 상징인 모자와 장갑을 착용한 모습으로 홍차를 마시는 화려한 애프터눈 티 테이블이 펼쳐지며, 어머니가 딸에게 에티켓을 가르치는 너서리 티(Nursery Tea)의 모습도 볼 수 있다. 이는 마치 계급에 얽매인 로즈의 답답한 인생을 상징하는 것만 같다.

한편, 빙산과의 충돌이 임박한 가운데 스미스 선장이 손에 들고 있던 홍차는 미국식 레몬티다. 영국인 선장은 결국 차를 입에 대지도 않고 그 자리를 떠나는데, 그 후 비극이 찾아온다.

세세한 부분까지 재현해낸 우아한 코미디, 일등객실의 전용 도자기와 은제 그릇까지 눈여겨볼 만한 장면들이 많다.

2

고스포드 파크
Gosford Park

2001년 | 로버트 올트먼 감독

1932년 컨트리 하우스를 무대로 상류계급과 피고용인 사이에서 복잡하게 교차되는 인간상과 영국 계급사회의 어두운 모습을 그린 미스터리 영화로, 실제 귀족 작위를 가지고 있는 줄리언 펠로우즈(Julian Fellowes)가 각본을 맡았다.

"차는 4시, 저녁 식사는 8시, 한밤중에는 살인을…"이라는 광고 문구대로 화려한 티타임이 많이 등장한다. 무엇보다 홍차를 마실 때 우유를 먼저 넣는 것이 맞는지, 홍차를 먼저 넣고 우유를 나중에 넣는 것이 맞는지처럼 계급에 따른 매너와 식기 사용법을 고증을 바탕으로 세세하게 그려냈다. 큰 인기를 끈 드라마 〈다운튼 애비(Downton Abbey)〉 시리즈는 이 작품을 바탕으로 만들어진 스핀오프다. 〈다운튼 애비〉의 팬이라면 반드시 봐야 하는 영화다.

3

마이 페어 레이디
My Fair Lady

1964년 | 조지 큐커 감독

1910년대 초, 런던을 무대로 한 뮤지컬 영화다. 서민 동네 태생의 꽃

파는 아가씨가 상류계급의 에티켓과 말투를 배워 화려한 숙녀로 변신하는 신데렐라 스토리 속에서, 계급에 따라 다른 영국의 티 매너를 배울 수 있다. 무엇보다 오드리 헵번의 사랑스러운 연기가 일품이다.

신사 숙녀들이 모이는 로열 애스콧(Royal Ascot)과 무도회 데뷔 후의 티 타임 장면에서 행동하는 모습을 비교해보는 것도 흥미롭다. 홍차를 마시는 법이나 도자기를 사용하는 손끝이 세련되어지는 과정을 멋지게 묘사하고 있다.

4 해리포터와 아즈카반의 죄수

Harry Potter and The Prisoner of Azkaban

2004년 | 알폰소 쿠아론 감독

많은 사람이 해리포터 영화 속 가상의 판타지 세계를 통해 영국의 문화와 생활에 관심을 갖게 되었을 것이다. 이 영화에서는 홍차를 마시는 장면이 수없이 많이 나오지만, 무엇보다 흥미를 끄는 것은 홍차 점을 치는 장면이다. 호그와트 마법학교 수업 중에 해리가 찻잔 바닥에 남은 찻잎의 모양을 해독하는데, 이때 그림(Grim, 죽음의 개)이 나타난다. 이에 선생님은 불길한 죽음의 예언을 이야기하고, 이것은 영화에서 복선 역할을 한다.

홍차 점은 19세기 빅토리아 시대에 대유행했던 영국다운 우아한 점술이다. 포춘텔러 컵(Fortune Teller Cup)이라 부르는 점성술 전용 컵은 지금도 큰 인기를 끌고 있다.

5 미스 포터

Miss Potter

2006년 | 크리스 누난 감독

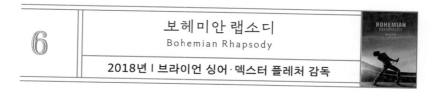

전 세계에서 사랑받으며 출판 120주년을 맞이한 그림책 《피터 래빗》의 저자 비어트릭스 포터(Beatrix Potter)의 삶을 그린 작품이다. 무대는 1900년대 초의 영국. 산업혁명으로 크게 성장한 빅토리아 시대 중산층의 생활상과 여성의 다양한 삶의 모습을 자세히 그려냈다.

장미가 만발한 정원에서 이루어지는 가든 티 장면을 비롯해 티타임을 즐기는 장면도 많이 등장하며, 영국인들의 생활에 자연스럽게 녹아든 홍차의 존재를 접할 수 있다.

6 보헤미안 랩소디

Bohemian Rhapsody

2018년 | 브라이언 싱어·덱스터 플레처 감독

영국이 낳은 전설의 록밴드 퀸의 보컬, 프레디 머큐리(Freddie Mercury)의 생을 다룬 전기 영화다. 일본식과 서양식을 절충한 스타일의 저택 가든 롯지(Garden Lodge)에서 일본 전통의상풍 가운을 걸치고 이마리 도자기 스타일의 찻잔을 다루는 손끝의 섬세한 동작은 '자포니즘식 티타임'를 연상케 하는 장면이다. 또한 조로아스터 교도의 일가에서 태어난 프레디가 가족과 함께 티타임을 즐기는 장면도 흥미롭다. 엘리자베스 2세의 초상화가 장식된 방에서 홍차와 함께 인도 과자를 대접하는 팔시(Parsi, 조로아스터교인—옮긴이)의 티타임이 자세히 그려져 있다.

7 남아 있는 나날

The Remains of the Day

1993년 | 제임스 아이보리 감독

노벨문학상을 수상한 가즈오 이시구로(Kazuo Ishiguro, 일본계 영국 작가—옮긴이)의 소설을 영화화한 작품으로, 2차 세계대전이 끝난 후 귀족의 저택 '달링턴 홀'을 배경으로 한다.

집사인 스티븐스의 회상 장면을 통해 오래되어 더 좋은 영국의 전통과 집사의 품격을 느낄 수 있다. 특히 인상적인 부분은 귀족의 품격을 상징하는 은제 티 세트를 닦는 장면이다. 은제 그릇은 대대로 계승되는 재산이었기 때문에, 새로운 은제 그릇은 곧 신흥계급이라고 간주되기도 했다. 따라서 오래된 은을 광나게 닦는 것은 집사의 파이널 터치(Butler's finish)라 불리는 중요한 임무 중 하나였다. 전쟁 후 붐을 일으킨 티 댄스 장면도 눈여겨볼 만하다.

Chapter 4

이렇게나 다양한 차 문화

나라별 차 문화의 특징

티로드를 따라 떠나는 차 여행

티로드에서 배우는 cha와 tay

중국에서 시작된 차는 티로드를 거쳐 전 세계로 전해졌다. 전 세계에는 많은 언어가 있는데, 신기하게도 '차'를 나타내는 단어는 대단히 비슷한 두 종류의 이름으로 불린다. 바로 cha(차)와 tay(티)다. 이를 세계지도 속에 대입해보면 각각의 공통점이 보인다.

광둥어를 어원으로 삼아 파생된 cha그룹은 주로 육로를 경유하고, 푸젠어를 어원으로 삼아 파생된 tay그룹은 주로 해로를 경유해서 차가

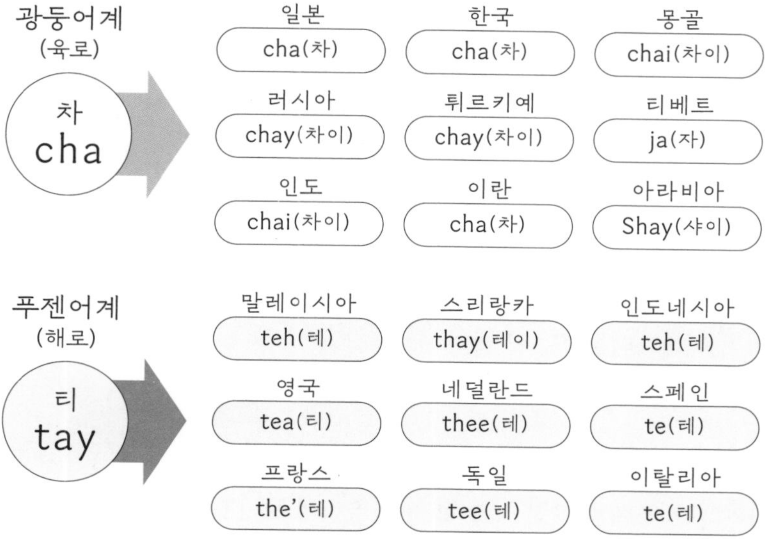

참고 자료: 차의 호칭도(하시모토 미노루 작성)

〚 차를 부르는 세계의 호칭 〛

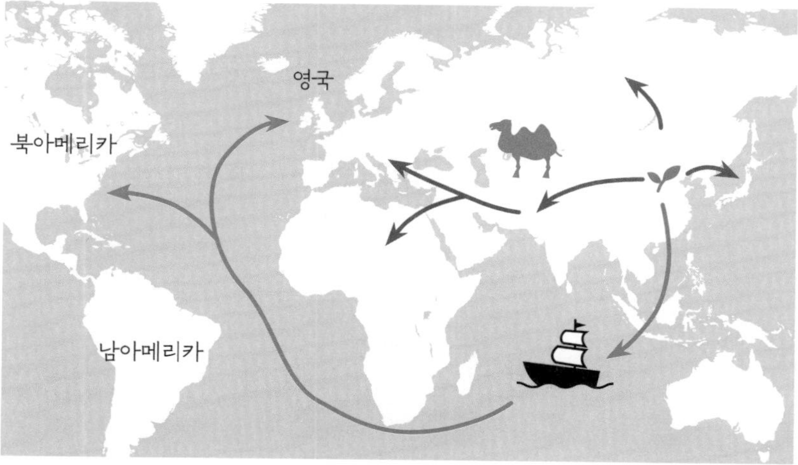

〚 티로드 육로와 해로 〛

전파된 것으로 추정된다. 그 나라에 대해 알고 싶다면 차가 어떤 단어로 불리고 있는지를 찾아보라. 수백 년 전, 차가 어떤 루트를 통해 전해졌는지를 엿볼 수 있다.

실크로드 말고,
매혹적인 티로드 탐험

전 세계로 퍼진 차는 단순한 기호음료에 머물지 않고, 문화로 파급되기 시작했다. 본래 같았던 차는 긴 역사 속에서 각기 다른 기후와 풍토에 맞춰 최상의 맛을 내기 위해 연구되었고, 다양한 찍다법이 탄생했다. 또한 정치나 종교와도 복잡하게 얽히면서 발전을 거듭해, 차를 마시는 방법뿐 아니라 다기나 다과, 대접하는 방법에 이르기까지 다양한 문화가 형성되었다.

이 장에서는 '세계의 차 기행'이라는 주제로, 여러 나라의 차 스타일과 티 베리에이션, 차 문화의 트렌드를 소개한다.

세계의 차 문화

영국

일곱가지 티타임을 즐기는 홍차의 나라

영국인들도 평소에는 티백 홍차를 마신다

"영국인들은 일하는 중간에 티타임을 가지는 것이 아니라 티타임 사이에 일을 한다."

이런 말이 있을 정도로 영국은 모든 것을 차 중심으로 생각하는 나라, 홍차를 사랑하는 나라다. 아침에 눈을 뜨면 한잔의 모닝 티(Morning Tea)로 시작해, 오전 중의 티 브레이크인 일레븐지스(Elevenses, 오전 11시경 먹는 간단한 다과—옮긴이), 오후의 티 브레이크인 미드데이 티(Midday Tea), 가벼운

저녁 식사와 함께하는 하이 티(High Tea), 자기 전에 마시는 애프터데이 티(After day Tea) 등 영국에는 많은 티타임이 있다. 마치 홍차를 마시면서 생활의 리듬을 만들고 있는 것처럼 보일 정도로 영국인에게 티타임은 습관화되어 있다.

그렇다고 애프터눈 티를 매일 한다고 생각하면 곤란하다. 애프터눈 티 같은 티 세리머니는 일상적이지 않은 공식적인 느낌이 강하다.

평소의 티타임은 '차 한잔 마시면서 잠시 쉴까요?'처럼 부담 없이 차를 즐기는 풍경과 같다. 심지어 찻주전자와 찻잎으로 차를 우리는 일본에 비해, 영국은 상당히 캐주얼한 분위기를 지니고 있다. 머그컵에 티백을 집어넣고 뜨거운 물을 붓기만 하면 되니 정말 간단하지 않는가?

인생 첫 티파티
세례식 티파티

오늘날 영국에서는 어떤 상황에서 공식적인 티파티를 열까?

일반적으로 영국 왕실이 주최하는 가든 티파티와 대사관의 파티 그리고 비즈니스 상담회나 신상품 발표회 등, 공적인 초대를 할 때 애프터눈 티를 이용한다. 또한 결혼기념일이나 생일처럼 인생의 절기가 되는 사적인 기념일에도 특별한 티타임을 가진다. 식사를 대접하는 것보다 훨씬 부담도 적기 때문에, 많은 사람이 참여할 수 있는 티타임은 초대하는 쪽이나 초대받는 쪽 모두에게 장점이 있다.

대개 인생 첫 티파티는 세례식 티파티(Christening Tea Party)다. 크리스닝(Christening)은 기독교의 세례식을 말하는데, 영국국교회에 입교한다는 것을 공표하고 세례명을 받으며 아기를 사람들에게 널리 알린다는 의미가 있다.

일례로, 영국 왕실에 전해지는 세례식을 살펴보자. 왕실의 아기는 왕실에 전해 내려오는 세례 가운인 흰색 드레스 차림으로 가족과 함께 예배당으로 향한다. 그곳에는 백합을 모티브로 만든, 릴리 폰트(Lily Font)라 부르는 특별한 성수반(성수를 담은 쟁반—옮긴이)이 준비되어 있다. 예수 그리스도가 세례를 받은 것으로 알려진 요르단강에서 가져온 성수를 릴리 폰트에 담아 아기의 머리에 붓는 것이 빅토리아 여왕 시대부터 내려오는 전통이다.

그리고 세례식 후에 세례식 티파티가 열린다. 이 티파티에서 아기는 태어나 처음으로 홍차를 마신다. "은수저를 입에 물고 태어난 아기는 행복하게 산다"라는 말이 있듯이, 영국에서는 오래전부터 세례식 때 은수저와 컵을 선물하는 문화가 있었다. 대부로부터 선물받은 은 세례 컵에 세례식용 홍차를 담아 입에 머금게 해서 아기가 건강하게 성장하기를 기원한다.

어린 신사 숙녀들의 티파티
너서리 티

영국에서는 티 매너와 사교술을 익히는 것이 신사 숙녀들에게 필수과목이었으며, 어릴 때부터 '너서리 티(Nursery Tea)'라고 하는 티타임을 통해 에티켓을 배웠다.

너서리(Nursery)는 아이들 방이라는 뜻으로, 너서리 티는 일상의 티타임 속에서 체험을 통해 즐기면서 에티켓과 아름다운 몸가짐을 배워가는 것을 말한다. 처음에는 좋아하는 테디 베어나 인형과 함께 미니어처 크기의 너서리 티 세트를 사용해서 아이들끼리 하는 소꿉놀이 티파티로 시작한다. 혼자서 손으로 컵을 잡을 수 있게 되면 아이에게 맞는 작은 컵을 손에 들고, 실제로 홍차를 마시면서 티타임을 연마한다.

이렇게 대략적인 매너를 습득하고 나면, 가족과 함께 어른들이 하는 애프터눈 티에 동석하거나 학교의 티파티 등에서 에티켓을 한층 익혀 나간다. 그리고 열여덟 성인이 될 무렵에는 티파티를 주최하는 호스트 역할을 맡아 자연스럽고도 멋지게 수행해낸다.

너서리 티 문화가 탄생한 것은 빅토리아 시대였다. 애프터눈 티를 대단히 좋아했던 빅토리아 여왕을 위해, 아홉 명의 어린 자녀들이 베이비시터 겸 교육 담당이던 유모와 함께 티파티를 열었다. 이 티파티는 평소의 너서리 티 성과를 발표하는 자리기도 했다. 아이들은 직접 초대장을 쓰고, 정원에서 꺾은 꽃으로 티 테이블을 장식하고, 작은 티 포트로 차를 우려냈다.

너서리 티 문화는 왕실 내에서도 계승되고 있다. 엘리자베스 2세가 평소에 절대 빼놓지 않았던 일과 중 하나는 아침에 눈을 뜨자마자 마시는 모닝 티와 오후의 애프터눈 티였다. 그녀는 어렸을 때부터 익혀온 에티켓을 바탕으로 홍차와 함께 비스킷이나 핑거푸드를 즐겼다.

찰스 3세는 어렸을 때부터 홍차와 비스킷을 무척 좋아했다. 그리하여 그는 자신의 오리지널 브랜드인 하이그로브(Highgrove)에서 자신만의 취향이 깃든 티 굿즈와 유기농 홍차, 비스킷 등을 선보였다.

너서리 티가 길러내는 것은 그 사람의 품위만이 아니다. 너서리 티는 노블레스 오블리주,* 즉 고귀한 지위에는 사회적인 책임과 의무가 따른

---

* **찰스 3세의 노블레스 오블리주**
영국의 티타임을 상징하는 도자기 브랜드 '버얼리(Burleigh)'가 경영 위기에 처했을 때, 찰스 3세의 자선사업 재단이 약 72억 원을 출자해 3년에 걸쳐 버얼리를 다시 살렸다는 유명한 일화가 있다.

다는 정신과 영국 문화를 육성해서 다음 세대로 이어주는 계승자의 역할을 배우는, 마음을 기르는 시간이기도 하다.

영국 홍차 문화의 상징인
애프터눈 티에 대해서는
Chapter7에서 자세히 설명할게.

영국 차 문화의 특징

- ☑ 하루 일과 속에서 마치 시간표처럼 티타임을 습관화한다.
- ☑ 평소에는 티백 홍차와 비스킷으로 가볍게 즐긴다.
- ☑ 공식 이벤트나 기념일에는 티파티를 연다.

로마노프 왕조에서부터 이어지는 홍차 대국

세계의 차 문화
러시아

러시아에는 러시안 티가 있다

러시안 티라고 하면 어떤 차가 연상되는가?

"홍차가 들어 있는 길고 가는 유리잔에 딸기잼을 넣고, 긴 스푼으로 빙글빙글 돌려가며 마시는 차"라고 대답하면 일본인이고, "홍차에 레몬을 띄워 보드카나 럼주를 넣어서 마시는 차"라고 대답하면 영국인이다. 나라마다 러시안 티에 대한 이미지가 다르다니, 흥미로운 대목이다. 이제부터 수수께끼에 싸인 러시안 티에 대해 알아보자.

의외로 유럽에서 러시아는 영국 다음 가는 홍차 대국이다. 티 문화가 널리 퍼져 있는 러시아는, 로마노프 왕조로부터 이어지는 홍차를 대단히 사랑하는 나라다.

러시아에서는 차를 '차이'라고 부른다. '차이'라는 이름에도 나타나듯이, 유럽의 많은 나라에는 차가 해로를 통해 전해진 반면 러시아에는 육로를 통해 전파되었다는 것을 알 수 있다. 러시아는 중국과 가까운 위치 때문에 유럽의 나라들과는 다른 루트로 차가 전해졌다. 17세기 초에 중국 대사가 러시아 궁정에 차를 선물한 이후, 1689년 러시아와 청나라가 네르친스크조약을 체결하면서 시베리아 루트의 티로드가 개통되어 정식 교역이 이루어졌다.

카라반(사막 지역에서 낙타나 말에 물품을 싣고 떼를 지어 다니며 장사하는 상

〚 13,000km에 이르는 티로드 〛

인의 집단—옮긴이)은 '사막의 배'라 불리는 쌍봉낙타 등에 차를 실어 운반했다. 얼핏 봤을 때는 육로가 희망봉 부근의 해로에 비해 효율이 좋아 보이지만, 중국에서 출발해 몽골과 시베리아를 넘어가는 13,000㎞나 되는 '만리차도'●는 1년이 넘게 걸리는 가혹한 교역로였다. 실제로 1869년 수에즈 운하가 개통되면서부터는 육로를 대신해 해로를 이용하게 되었다.

흥미롭게도 영국과 러시아는 차가 유행하게 된 경위가 아주 비슷

● 푸젠성 우이산에서 시작해 푸젠, 장시, 안후이, 후난, 후베이, 허난, 허베이, 산시, 내몽골의 아홉 개 성(省)을 거치고, 몽골의 울란바토르를 경유해 최종적으로 러시아의 상트페테르부르크에 도달하는 길이다. 이 길을 따라 세계 문화유산도 많이 남아 있으며, 중국이 추진하고 있는 일대일로(중국의 신 실크로드 전략—옮긴이) 구상의 중요한 구성요소로 기능하고 있다.

하다. 17세기, 러시아 궁정 내에서 약으로 즐겨 마시던 차는 18세기 예카테리나 2세* 통치기에 들어서면서 우아한 사교 문화로 귀족에서 중산계급으로 퍼져 나갔고, 19세기에는 일반인들에게도 스며들었다. 뿐만 아니라 러시아에는 혹독한 추위로 인해 일상에 술이 만연하면서 알코올중독자가 많았기 때문에 나라에서는 술 대신 차를 마시는 습관을 장려했다. 게다가 독자적인 차 도구와 차 우리는 법을 정립해, 이를 문화로까지 발전시켰다.

러시아의 홍차 문화를 상징하는 사모바르

이 같은 러시아 홍차 문화를 상징하는 것이 제정러시아 시대(1721~1917년)의 대발명이라 불리는 '사모바르(Samovar)'다. 사모바르는 러시아어로 '스스로 끓는 용기'라는 의미로, 차 전용 물을 끓이는 도구를 말한다.

위도가 높아 추위가 혹독한 러시아에서는 당시에도 하루에 일고여덟 잔씩 차를 마셨는데, 러시아에서는 차를 우릴 때 중국식이나 영국식과는 다른 독특한 방법을 고안해냈다. 먼저 아침에 일어나면 사모바르에 물을 넣고 끓인다. 그런 다음, 포트에 찻잎을 넣고 사모바르 본체의 수도

* 예카테리나 2세(1729~1796)는 러시아 로마노프 왕조의 여제다(재위 1762~1792년). 프로이센의 프리드리히 2세, 오스트리아의 요제프 2세와 더불어 대표적인 계몽전제군주로, 러시아의 강대화를 추진했다. 러시아제국의 영토를 폴란드와 우크라이나로 확장했다.

꼭지를 열어 찻잎이 잠길 정도로 뜨거운 물을 붓고 진한 홍차액(자바르카)을 만들어, 상부의 포트 받침 위에 올려서 뜸을 들인다. 찻잎에 뜸을 들여 쓴맛과 떫은맛을 누그러뜨리는 것, 바로 이것이 러시아식 추출법의 핵심이다.

그 뒤 금속제 홀더가 달린 유리로 만든 티컵 '스타칸'에 포트에 있는 진한 홍채액을 3분의 1가량 따르고, 사모바르 본체의 수도꼭지를 열어 뜨거운 물을 붓고 취향에 맞게 농도를 조절해 완성한다.

러시아 홍차는 우리는 방법뿐 아니라 마시는 법도 대단히 독특하다. '차이'라고는 하지만 우유는 넣지 않고 마신다. 내가 현지에서 배운 러시아식은 먼저 설탕 덩어리를 입에 넣고 홍차를 조금씩 마시는 방법이다. 조그만 설탕을 럼주에 약간 적셔 입에 넣고 사모바르로 추출한 진한 홍

소비에트연방 시대의 사모바르.

차를 조금씩 마시다 보면 쓴맛과 떫은맛이 누그러지면서 놀라울 정도로 맛있는 홍차를 즐길 수 있다.

앞서 언급한 '잼을 넣고 긴 스푼으로 빙글빙글 돌려가며 마신다'는 이미지는, 이렇게 현지에서 마시는 방식이 퇴역군인 등을 통해 전쟁 후에 일본으로 전해져 생긴 것으로 보인다.

사모바르, 상류층의 사치품에서 전 국민의 필수품으로

18세기에 차는 영국과 마찬가지로 러시아에서도 대단히 귀중품이었기 때문에, 차를 즐기는 것은 상류계급의 사치스러운 사교 문화로 인식되었다. 당시 티 룸의 중심을 장식한 것은 지나치게 호화로운 차 도구인 '로코코풍 사모바르'였다. 상류계급 인사들이 예술 작품처럼 아름다운 로코코풍 은제 사모바르를 장인들에게 경쟁하듯 만들게 하면서, 사모바르는 신분을 상징하는 물건이 되었다.

그러나 19세기 들어, 기계화에 따른 대량생산이 가능해지면서 사모바르는 한 집에 한 대씩은 가지고 있는 생활필수품이 되었다. 겨울철에는 방을 따뜻하게 데우고 가습을 해주는 난방기구의 역할도 했기 때문에, 일반인들은 월급 한 달 치 정도의 거금을 들여 좋아하는 소재(놋쇠나 동, 니켈 등)나 디자인의 사모바르를 마련했다고 한다.

이렇게 차를 마시는 문화는 일반인들에게 널리 퍼졌고, 시베리아철도의 열차 안이나 역에서도 자유롭게 차를 마실 수 있도록 사모바르가 설치되었다.

이런 배경하에 20세기에 들어설 무렵에는 홍차 소비량이 증가하면서 러시아는 영국에 이어 세계 2위의 홍차 수입국으로 등극한다. 또한 소비에트연방 시대에는 자국 영토 내에서 홍차를 재배하기 시작했다. 1930년대, 조지아를 중심으로 아제르바이잔, 크라스노다르에서도 차 생산이 이루어져, 1989년에는 연간 12만 톤의 차가 생산되었다는 기록이 남아 있다.

Break Time

로마노프 왕조의 숨겨진 보물

18세기 러시아에서는 사모바르가 신분을 상징했다. 사모바르를 소유한 저택에는 전용 티 룸이 있었으며, 그곳에서 귀중한 중국차를 즐기곤 했다. 사모바르는 영국의 은제 티 세트와 마찬가지로 대대로 전해 내려오는 재산이었으며, 전문 장인들의 손길로 금은 세공을 한 호화로운 로코코풍 사모바르가 속속 탄생했다.

이렇게 예술품과 같았던 사모바르도 러시아혁명으로 인해 로마노프 왕조가 멸망한 후에는 숨겨진 보물이 되어 전 세계로 흩어졌다. 로마노프 왕조의 '지나치게 호화로운 사모바르'는 지금은 절대로 만들 수 없는 물건으로, 골동품 수집가들 사이에서 대접받고 있다.

한편, 체르노빌 원자력발전소 사고(1986년)와 소비에트연방 해체(1991년)의 여파로, 현재 러시아에서 차 재배는 전혀 이루어지고 있지 않다. 하지만 러시아에서 차를 마시는 문화는 사라지지 않아, 현재는 전기포트식 사모바르를 사용해 부담 없이 티타임을 즐기고 있다.

러시아 차 문화의 특징

- ☑ 서쪽의 홍차 대국 영국과 동쪽의 홍차 대국 러시아는 역사와 문화 면에서 공통점이 많다.
- ☑ 조그만 설탕을 입에 넣고 사모바르로 진하게 추출한 홍차와 함께 즐긴다.
- ☑ 오늘날에는 전기포트식 사모바르로 차를 마신다.

Break Time

러시아와 영국을 이어준 레몬티

영국에서 러시안 티라고 하면 잼이 아니라 '레몬을 넣은 홍차'를 말한다. 영국에서는 밀크티가 주류며 레몬티를 마시지 않는 것이 정석이지만, 빅토리아 시대에 영국에서 러시안 티가 아주 잠깐 붐을 일으킨 적이 있었다.

빅토리아 여왕에게는 아홉 명의 자녀가 있었는데, 딸들을 유럽 각국으로 시집보내면서 후에 '유럽의 할머니'라고 불렸다. 19세기 후반, 러시아의 마지막 황제인 니콜라이 2세에게 시집간 손녀딸 알릭스를 만나기 위해, 여왕이 러시아를 방문했을 때의 일이다. 손녀딸은 머나먼 길을 찾아온 사랑하는 할머니를 위해 사모바르로 우린 홍차에 남쪽 나라의 귀중한 과일 레몬을 띄워 함께 티타임을 즐겼다고 한다.

여왕은 이국땅에서 처음 맛본 레몬티가 대단히 마음에 들었고, 영국으로 돌아온 후에도 레몬티를 즐겨 마셨다고 한다. 애프터눈 티 문화가 어느 때보다 화려했던 빅토리아 후기, 신선한 레몬을 홍차에 띄워 즐기는 여왕의 모습은 궁정 내에서도 화제가 되었다.

알릭스는 그 후 라스푸틴에게 심취하게 되고, 러시아에는 혁명이 일어난다.

향기는 기억을 불러일으킨다고 한다. 아마도 여왕은 러시안 티를 마시면서 손녀딸과 행복했던 한때를 떠올리지 않았을까.

프렌치 스타일로 재탄생한 홍차의 미학

세계의 차 문화
프랑스

루이 14세를 괴롭혔던 통풍

프랑스의 차 역사는 왕의 심각한 통증에서 시작되었다. 당시 루이 14세[*]를 괴롭힌 것은 '제왕병'이라는 또 다른 이름을 가진 통풍이었다. 통풍은 호화로운 식생활에서 기인하는, 현대에서 말하는 생활습관병이다.

궁정문화가 꽃피던 1630년, 네덜란드의 동인도회사가 프랑스로 차

[*] '태양왕'으로 불리며 절대군주제를 확립한 프랑스의 국왕이다. 왕권신수설을 주창하고, '짐이 곧 국가다'라는 말을 남겼으며, 베르사유 궁전을 건설한 것으로 유명하다.

를 들여왔을 때 루이 14세는 동양에서 온 차에 흥미를 보였다. 왕이 흥미를 느낀 것은 음료로서가 아니라 약으로서의 차였다. 바람이 불기만 해도 극심한 통증이 생기는 통풍을 치료하는 비장의 약으로 의사가 차를 처방한 것이다.

"통풍은 동양인과는 무관한 병이다. 그 비밀은 평소 마시는 만병통치약, 차에 있다. 차를 마시면 마실수록 수명이 길어지며 회춘의 효과도 있다…."

이 같은 소문을 믿고 왕족과 귀족들 사이에서 차를 마시는 붐이 일면서, 그들은 경쟁하듯 하루에 열 잔씩 차를 마셨다.

1664년, 프랑스는 프랑스 동인도회사를 설립해 차 거래를 시작했다. 그 당시 약국에서 약으로 거래되던 차는 가격이 대단히 비싸서, 왕족과 귀족이 아니면 입에 댈 수도 없는 사치품이었다. 그러나 같은 시기에 들어온 커피와 초콜릿으로 인기가 옮겨가 이 둘은 카페 문화로 정착했고, 프랑스혁명의 격변 속에 차 문화는 한때 쇠퇴의 길을 걸었다.

라뒤레, 안젤리나, 포숑
선풍적인 인기를 끈 '살롱 드 테'

19세기, 프랑스혁명의 혼란이 진정되면서 차 문화가 서서히 부활하기 시작했다. 차 문화의 부활에는 신흥계급인 부르주아의 출현과 홍차의 탄

프랑스 최초의 홍차 전문점 마리아주 프레르.

생이 큰 영향을 미쳤다. 1854년에는 프랑스 최초의 홍차 전문점 마리아주 프레르(Mariage Frères)가 문을 열었으며, 찻잎을 무게별로 판매하고 다기도 취급하는 메종 드 테(Maison de thé)가 탄생했다.

뿐만 아니라, 파리를 중심으로 살롱 드 테(Salon de thé)라 불리는 프랑스풍 티 살롱도 등장하면서, 카페와는 달리 여성이 자유롭게 출입할 수 있는 사교의 장으로 화제를 모았다. 일본에 마카롱 붐을 일으킨 주역인 '라뒤레(Ladurée)'나 몽블랑으로 유명한 '안젤리나(Angelina)', 버블기의 일본에 애플티 바람을 일으킨 '포숑(Fauchon)'도 이 시대에 오픈한 노포다.

이러한 역사적 배경으로 인해, 지금까지도 프랑스인들에게 홍차는 고귀한 음료라는 이미지가 있는 듯하다.

한편, 프랑스에도 '르 구테(Le Goûter)'라 부르는 오후의 티타임이 있다. 하지만 홍차와 함께 3단 트레이에 샌드위치와 과자가 진열된 풍경은 어디까지나 영국식 스타일이다. 애프터눈 티는 세계적으로 인기가 있었기에, 20세기 후반 프랑스의 호텔이나 살롱 드 테에서도 영국식 3단

프랑스풍 애프터눈 티.

트레이라는 아이콘을 도입해 프랑스풍 애프터눈 티를 제공하는 곳이 생겨났다.

프랑스식 애프터눈 티의 특징은 프랑스풍의 가향티가 중심을 이룬다는 점이다. 샌드위치와 함께 아뮤즈 부쉬(입을 즐겁게 하는 음식이라는 의미로 보통 입맛을 돋우는 전채 요리—옮긴이)가 놓이며, 애프터눈 티에서 빼놓을 수 없는 스콘은 잉글리시 스콘이 아닌 프렌치 스콘으로 준비된다. 한마디로 영국식 애프터눈 티와는 색다른 매력이 있다.

프랑스의 색을 입고
재탄생한 철병

프랑스풍 애프터눈 티에서 인기 있는 차 도구는 일본의 남부철병*이다. 90년대 후반 무렵부터 파리의 살롱 드 테에서는 보라색이나 푸른색 같은 강렬한 컬러 철병(철 주전자)으로 홍차를 서빙하곤 했다. 철병은 검은색이라는 이미지를 가진 일본인에게는 참신하게 보였을지도 모른다.

철병은 에도 시대부터 만들어지기 시작한 일본의 전통공예품으로, 이와테현 남부 번주의 성을 중심으로 발달한 도시 모리오카에서 탄생했다고 해서 남부철병이라고도 불린다.

* 모리오카는 예로부터 양질의 원재료가 풍부한 주물의 고장으로 알려져 있다. 17세기 초, 다인이었던 남부의 번주가 교토로부터 솥 장인을 불러들여 다도에 꼭 필요한 차노유 가마를 만들게 했다. 그 가마를 말차뿐 아니라 센차에도 쉽게 사용할 수 있도록 개량한 것이 철병다.

파리의 마레 지구에 있는 마리아주 프레르 본점에 취재차 들른 적이 있는데, 이야기를 들어보니 컬러 철병을 고안한 이는 마리아주 프레르의 갸르송이라는 사람이었다.

일본에서 철병을 보고 한눈에 반한 그는 모리오카에 있는 장인의 철기 공방을 방문해 가쓰시카 호쿠사이(葛飾北斎)의 그림을 보여주면서 "이 철병에 프랑스인이 좋아하는 호쿠사이의 푸른색을 입혀주십시오" 라고 간청했다고 한다. 그의 노력 덕분에 컬러풀한 색을 덧입은 철병이 탄생했다.

그 후, 파리의 살롱 드 테에서 발견한 컬러 철병을 일본에 돌아갈 때 선물로 사가는 역수입 현상이 유행했다. 일본의 전통공예품에 프랑스 특유의 정신이 융합된 컬러 철병은 현재 그 종류가 무려 100가지가 넘으며, 20개국이 넘는 곳으로 수출되면서 각 나라의 티타임에 멋을 더하는 역할을 톡톡히 하고 있다.

프랑스풍 자포니즘 티파티

파리에서 가장 유명한 일본인으로 알려진 가쓰시카 호쿠사이는 인상파 화가들에게 막대한 영향을 끼쳤다. 일본에서 인기가 많은 클로드 모네는 홍차 애호가로 알려져 있다. 모네는 지베르니에 있는 '모네의 정원'에 화가들을 불러들여 수련이 핀 연못과 일본풍 무지개다리 앞에서 티타임을 즐겼다고 한다.

프랑스 차 문화의 특징

- ☑ 일찍이 19세기에 오늘날 홍차 문화의 중심이 되는 메종 드 테와 살롱 드 테가 생겨났다.
- ☑ 프랑스풍 애프터눈 티는 영국풍과는 색다른 매력을 지니고 있다.
- ☑ 컬러풀하게 재탄생한 일본의 남부철병이 큰 인기를 끌었다.

취향과 고집이 고스란히 담긴 독일인의 홍차 사랑

세계의 차 문화
독일

왕족과 귀족들을 사로잡은 이마리 도자기

독일에 차가 전해진 것은 1610년 무렵의 일이다. 네덜란드 동인도회사가 네덜란드와 국경을 접하고 있는 독일 북해 연안의 동프리슬란트에 차를 들여왔다.

당시 독일의 왕족과 귀족들은 차뿐 아니라 중국에서 들어온 자기에도 열광했다. 아직까지 유럽에는 자기를 굽는 기술이 없었기 때문에 처음으로 본, 속이 비쳐 보이는 듯한 자기의 아름다움에 순식간에 매료되

었다. 중국에서 들어온 이국의 정취가 가득한 자기는 '차이나'라 불렸으며, 소유하는 것 자체가 신분을 상징하는 물건이 되면서 수집 열풍이 일어났다.

17세기 후반에 들어 유럽의 자기에 대한 관심은 점점 고조되었지만, 중국 내에서 왕조 교체로 인한 혼란이 발생하면서 자기 수입이 어려워졌다. 그래서 네덜란드 동인도회사는 일본의 자기에 주목했다. 도요토미 히데요시는 자기에 심취해 자국 내에서 자기를 굽는 기술을 얻기 위해 임진왜란을 틈타 조선에서 장인들을 데려왔고, 1609년부터는 사가현 아리타에서 본격적으로 자기를 만들기 시작했다.

에도 시대, 쇄국을 펼치던 일본에서 무역을 허락받은 네덜란드는 나가사키의 데지마에 상관을 설치해 1650년 무렵부터 약 100년간 대량의 아리타 도자기를 유럽으로 보냈다.

공식적으로는 약 200만 개, 비공식 루트까지 포함하면 대략 700만 개에 이르는 이마리 도자기가 바다를 건너 외국의 왕족과 귀족들의 저택을 장식하게 되었다. 배가 출발한 곳이 이마리 항구였다고 해서 '이마리(IMARI)'라 불렸으며, 유럽에서 그야말로 선풍을 일으켰다. 특히 가키에몬(아리타의 도공—옮긴이) 양식은 전 유럽에서 크게 유행하면서 중국 자기보다 높은 가격에 거래되었으며, '동양의 하얀 금(金)'이라 불릴 정도로 가치가 폭등했다.

유럽의 자기 사랑은 점점 더 커져 왕족과 귀족 수집가들은 급기야 자신이 직접 도자기를 굽고 싶다는 열망을 품게 되고, 자기의 제조 비법을 파헤치기 위해 몰두했다. 18세기 초, 그 소원을 달성한 것은 신기할 정도로 자기에 온 정신이 사로잡혔던 작센의 선제후 아우구스투스였다. 그는 1709년에 유럽 최초로 자기 제작에 성공해 왕립 마이센(Meissen) 도자기 제작소를 설립했다.

홍차를 마시는 다기도 처음에는 동양의 다완을 모방해 손잡이가 없는 티 보울(Tea Bowl)을 만들었다가, 1730년대에 마이센에서 오늘날의 모습에 가까운 손잡이가 달린 찻잔을 제작했다. 점점 주문이 밀려들면서 마이센 도자기의 이름은 유럽 전역에 알려졌다. 마이센 도자기의 제조법은

아우구스투스(1670~1733)는 작센의 선제후(프리드리히 아우구스투스 1세)이자 폴란드·리투아니아 공화국의 왕(아우구스투스 2세)이다. 권력과 괴력을 자랑하며 '강왕(强王)'이라 불렸다. 굴지의 동양 자기 수집가로 유명하며 마이센 도자기를 탄생시켰다.

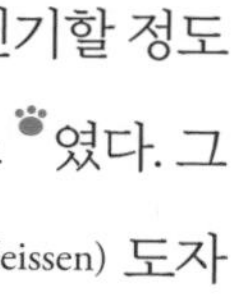

샤를로텐부르크성의 도자기 방 모습.

최고 기밀에 부쳐졌음에도 유출되었고, 이 역시 전 유럽으로 퍼져 나갔다.

현재도 독일에는 이름 있는 도요가 많이 남아 있다.

Break Time

다기에 매료된 독일의 왕들

17세기, 시누아즈리 붐이 일어난 유럽에서 왕족과 귀족들이 가장 심취했던 것은 동양의 자기를 수집하는 일이었다. 수준 높은 교양을 몸에 익힌 왕들은 미술과 공예품에도 깊은 관심을 가졌으며, 특히 동양에서 온 신비로운 자기에 큰 흥미를 보였다. 온 방 안을 수집한 자기로 가득 채우는 도자기 방(Porcelain Room)을 만드는 데 열광하면서 급기야는 도자기 병(Porcelain Sickness)이라고까지 불리고 말았다. 그 중심에 선 것은 신성로마 제국의 혈통을 이어받은 독일의 왕들이었다.

현존하는 유럽 최대의 도자기 방으로 알려진 곳은 샤를로텐부르크성이다. 이 성은 17세기 말에 베를린을 통치하던 프로이센의 왕 프리드리히 1세가 지은 이궁(離宮)이었다.

한편, 프로이센 왕과 대적할 만한 사람은 작센의 선제후인 아우구스투스다. 오늘날의 드레스덴 일대에 해당하는 작센 왕국을 통치하던 아우구스투스는 츠빙거 궁전을 세웠는데, 그곳에도 저명한 도자기 방이 있다. 아우구스투스는 특히 일본의 자기에 열광했다. 이마리 도자기로

방을 가득 채운 '일본궁' 건설을 목표로 마이센 도자기 제작소를 설립한 후에도, 그의 수집욕은 식을 줄을 몰랐다.

이 밖에 합스부르크 왕가의 여제 마리아 테레지아도 이마리 도자기의 수집가로 알려져 있다.

오감으로 즐기는 예술적인 홍차 다례

티타임을 소중하게 생각하는 독일 내에서도, 세계 최고의 홍차 소비량을 자랑하는 지역은 앞서 소개한 동프리슬란트다. 이 지역에서는 오래전부터 전해 내려오는 정통 홍차 에티켓이 존재할 정도로 홍차가 일상의 일부분으로 자리 잡았다. 매 식사 후는 물론, 오전 오후의 티 브레이크도 빼놓을 수 없는 일과다.

동프리슬란트 사람들이 즐겨 마시는 홍차 스타일을 살펴보자.

이곳의 홍차는 '오스트프리젠테'라 부르는 독특한 찻잎을 사용한다. 석회질이 적은 이 지역의 연수에 맞게 20종류가 넘는 찻잎을 블렌딩한 홍차를 티 포트로 진하게 추출한 다음, 포트 워머 안에 보온이 된 상태에서 테이블에 세팅한다. 찻잔이 준비되었다면 먼저 클룬체(Kluntje)라고 하는 얼음 설탕을 티스푼으로 한 스푼가량 넣고, 뜨거운 홍차를 따른다. 이때 귀를 기울이면, 설탕의 결정이 녹을 때 타닥타닥하며 울려 퍼지는 소리를 들을 수 있다. 그다음에는 크림 전용 스푼을 사용해서 생크림을 컵 테두리에서부터 살짝 따라 부어, 구름처럼 떠오르기를 기다린다.

이때 절대로 섞으면 안 된다. 처음에는 농후한 홍차와 크림을, 그다음에는 녹기 시작하는 달콤한 얼음 설탕과의 조화를 맛본다. 시간의 경과와 함께 시시각각 달라지는 맛을 느긋하게 즐기는 것이다. 포트에 들어 있는 홍차는 세 잔 분량으로, 오감을 모두 이용해서 즐기는 예술적인 티타임 법이다.

홍차 비즈니스의 선구자가 되다

독일은 다르질링을 중심으로 한 최고급 홍차의 수입국으로, 찻잎의 무역량은 21세기 들어 점점 늘어나고 있다. 베를린장벽을 사이에 두고 동독과 서독 사이에 문화의 차이가 남아 있는 독일에서는 주로 동프리슬란트를 중심으로 북부 지방에서 차를 즐겨 마셨다. 그런데 이렇게 꾸준히 차의 소비가 늘어난 이유는 세계시장을 겨냥한 독일의 홍차 비즈니스에 있다.

독일은 전 세계의 차 산지에서 원료가 되는 홍차를 엄선해 사들이고, 각국 고객들의 니즈에 맞게 전문 차 감별사가 블렌딩한 뒤 재수출하는 '티 패커(Tea Packer)'의 포지션을 구축했다.

홍차는 어디까지나 농작물이다. 그해에 수확한 찻잎을 그대로 맛보는 것도 하나의 즐거움이지만, 안정된 품질을 요구하는 시장의 수요가 큰 것도 사실이다. '선도(鮮度)'와 '품질'이라는 두 가지 니즈에 모두 대응하는 유연성을 가지고 비즈니스를 확대하고 있는 독일은, 현재 함부르크 무역항을 거점으로 차 무역의 중심적인 역할을 하고 있다.

독일 차 문화의 특징

- 홍차 소비량이 많은 동프리슬란트에서는 홍차를 마시고, 마시고, 또 마신다.
- EU 전체의 차 무역에서 중심적인 역할을 담당한다.

동서양 문화의 교차점 튀르키예의 차이

튀르키예의 주요 재배 작물은 커피 아닌 홍차

육로를 통해 티로드를 나아가다 보면 아시아와 유럽의 교차점이자 유럽의 관문인 튀르키예가 나온다. 튀르키예는 독특한 식문화를 바탕으로 세계 3대 요리를 자랑하는 미식의 나라기도 하다. 튀르키예 하면 보통 튀르키예 커피를 떠올리는 사람이 많다. 확실히 1차 세계대전이 일어나기 전까지는 모카커피의 산지로 유명했으나, 예멘이 독립한 후 커피콩의 가격이 급등하자 홍차 재배로 전환해 정부 주도하에 홍차 생산을 시작했다.

튀르키예는 현재 세계 4위의 생산량을 자랑하는 홍차의 나라다.

주요 산지는 튀르키예 북부 흑해 연안에 위치한 작은 도시 리제다. 1938년, 튀르키예는 지리적으로 가까운 조지아로부터 차나무의 씨앗을 들여와, 농약이나 첨가물을 전혀 쓰지 않고 카페인 함유량도 적은 건강한 홍차를 생산해냈다.

'유기농 디카페인'이 오늘날 홍차의 트렌드인데, 이에 안성맞춤인 튀르키예산 홍차를 해외에선 거의 볼 수 없다. 튀르키예인들은 차를 너무 사랑해서 1인당 연간 소비량이 약 3.2kg으로 세계 1위를 차지하는데, 국영기업 차이쿠르(Çaykur)를 중심으로 자국 재배, 자국 소비를 하기 때문에 수출량이 극단적으로 적다. 튀르키예 홍차의 특징은 실론티에 가까우며, 깔끔한 찻잎에 사과나 얼그레이 같은 향을 입힌 형태가 주류를 이룬다.

한편 튀르키예에서 차는 '차이'라 부르며, 인도의 차이와는 전혀 다른 러시아식에 가까운 추출법이 널리 퍼져 있다.

대접하는 것을 중시하는 튀르키예

튀르키예에서 홍차를 마실 때 사용하는 것은 '차이단륵'이라 부르는 2단식 홍차 기구다. 차이단륵은 러시아의 사모바르를 응용한 것으로, 크고 작은 포트를 2단으로 겹쳐놓은 더블 포트 형태이며 원리는 사모바르와 같다. 하단의 큰 포트에 물을 넣어 끓이고, 상단의 작은 포트에는 진한 추출액을 만들어서 그대로 불에 올려 증기로 우려낸다.

차이를 마실 때는 '차이 바르다으'라 부르는 작고 투명한 유리잔에 추출액을 넣고 취향에 맞게 뜨거운 물로 농도를 조절한 다음 설탕을 듬뿍

차이단륵(왼쪽)과
차이 바르다으(오른쪽).

넣는다. 이것이 튀르키예 스타일이며, 러시아와 마찬가지로 우유는 넣지 않는다.

튀르키예는 '대접하는 것'을 중시하는 나라로, 손님맞이를 대단히 좋아한다. 여행자에게도 달콤한 차와 과자를 대접하면서 환대를 표시한다. 이 같은 튀르키예의 문화는 '끽다거(喫茶去, 선종에서 쓰이는 말로 '차 한잔 하시게나'라는 의미—옮긴이)'의 마음가짐과 아주 비슷하다. 이는 손님에게 "잘 오셨습니다. 차라도 한잔 하시겠습니까?"라고 말을 건네며 누구라도 평등하게 맞아들임으로써 처음 만나는 사람이나 언어가 통하지 않는 사람과도 소통하려는 환대의 마음가짐이다.

튀르키예 차 문화의 특징

- ☑ 러시아의 사모바르를 응용한 차이단륵으로 차를 우린다.
- ☑ 거리 곳곳마다 있는 차이 하네 ❀는 언제나 붐빈다.
- ☑ 뿌리 깊은 '대접하는 문화'가 존재한다.

❀ 튀르키예의 거리에서는 가는 곳마다 하루 종일 차 마시는 풍경을 볼 수 있다. 차이 하네라 부르는 찻집에 모여 점심때부터 한 손에 유리잔을 들고 이야기를 나누거나, 독특한 모양의 쟁반에 차이를 올려 들고 가서 가족끼리 즐기기도 한다. 튀르키예인에게 차이는 생활의 일부나 마찬가지다.

세계의 차 문화

모로코

격하게 쌉싸름하고 격하게 달콤한 민트티의 나라

한번 빠지면 헤어 나오지 못하는 그 맛

20세기 초, 홍차의 대량소비 시대로 돌입하면서 영국은 인도, 실론(스리랑카)에 이어 '제3의 홍차 생산국'으로 아프리카 대륙을 선택한다.

먼저 케냐, 우간다, 탄자니아 등 동아프리카 3개국에서 차 재배를 시작했는데, 단일재배, 대규모 플랜테이션 농법, 근대적인 공장 설비 덕분에 이들 국가는 신흥 차 산지로 급성장했다. 특히 케냐는 정치와 경제가 모두 안정되어, 아프리카 전체 차 생산의 약 60퍼센트를 담당하면서 세

계 3위의 홍차 생산량을 자랑하는 주요 국가로 발전했다.

이처럼 21세기 유망주로 알려진 아프리카에서 특히 차를 사랑하는 나라가 있다면, 바로 모로코일 것이다. 모로코인들은 홍차보다 녹차를 많이 마시며, 모로코에는 일본의 다도와 같은 독특한 차 문화가 형성되어 있다.

'아타이'라 부르는 모로코의 차는 중국 녹차가 베이스를 이룬다. '건 파우더'라고 하는 화약처럼 돌돌 말린 찻잎을 전용 티 포트에 넣고, 뜨거운 물을 부어 불에 올리는데, 이때 신선한 민트잎을 가지째 집어넣고 덩어리 설탕 '수카르'와 함께 우려낸다.

모로코에는 원래 뜨거운 물에 민트잎을 넣은 허브티를 마시는 습관이 있었다. 그러다 18세기 무렵, 영국을 경유해 중국산 녹차가 들어오면서 녹차에 역시 민트를 넣어서 즐기는 독자적인 끽다 문화가 형성된 것이다.

하지만 민트티라는 귀여운 이미지에 현혹되어서는 곤란하다. 전용 유리잔에 거품을 만들어 따라놓은 차는 격하게 쌉싸름하고 격하게 달콤한 맛이 난다. 모로코인들은 이 차를 아침부터 밤까지 하루 종일 마신다.

모로코에 주재원으로 있던 한 사람의 말에 따르면, 처음에는 강한 민트맛 치약을 녹인 것 같은 맛에 거부감이 들지만 매일 마시다 보면 적응이 된다고 한다. 게다가 모로코에서 차를 이용한 대접은 중요한 비즈니스 매너라는 사실을 깨닫고는 그 문화를 존중하게 되었다고 한다. 이제는 작열하는 대지에서만 맛볼 수 있는 달콤 쌉싸름한 차가 상쾌하고 맛있게 느껴질 정도라니 과연 인간은 적응의 동물이 맞나 보다.

한편 아타이의 별명은 '모로칸 위스키'다. 음주가 금지된 무슬림들에게 차는 술을 대신하는 역할을 하기도 한다. 차에 자극적인 맛을 더하기 위해 민트를 비롯한 타임, 세이지, 사프란, 소나무 열매 등의 허브를 사용하며, 갈수록 그 강도가 점점 강해지고 있다고 한다. 중독성이 있는 차를 마시는 배경에는 이처럼 종교적인 이유도 숨어 있다.

그래서일까? 모로코에는 다음과 같은 속담이 있다.

> Le premier verre est aussi amer que la vie,
> 첫 잔의 쓴맛은 인생과 같고,
> le deuxième est aussi fort que l'amour,
> 두 번째 잔의 강렬함은 사랑과 같으며,
> le troisième est aussi doux que la mort.
> 세 번째 잔의 평온함은 죽음과 같네.

다도와 닮은 모로칸 티 세리머니

모로코에는 다도를 방불케 하는 '모로칸 티 세리머니'가 있다. 이는 결혼식이나 기념일과 같이 축하하는 자리에서 대접하기 위한 티파티로, 일상생활에서 즐기는 티타임에 특별한 의미를 부여한 의식이다.

전통적인 세리머니의 한 예를 살펴보자.

티 룸 전체에 킬림(평직물 러그)을 깔고, 바닥에 다도 도구를 나란히 놓은 다음 향을 피워 준비한다. 전통의상을 입은 남자 주인이 장미 성수로 손을 깨끗하게 씻은 다음 물을 뿌려서 손님을 맞이한다. 그리고 커다란 은제 쟁반 위에 티 포트와 유리잔, 설탕통, 민트통을 놓고, 선택한 민트에 대해 설명하기 시작한다. 그런 다음 책상다리 자세로 손님이 보는 앞에서 차를 만드는데, 높은 곳에서 물을 따라 붓고 손님에게 전달한다. 손님은 달콤한 다과를 즐기며, 공기를 머금은 듯한 가벼운 소리를 내면서 석 잔 정도를 반복해서 마신다.

이러한 모습은 일본의 다도와 비슷한 느낌이 든다. 일본의 다도가 기독교의 영향을 받았다는 설도 있는데, 머나먼 아프리카 땅에서 예술적인 세리머니를 접하니 왠지 기분이 묘하다.

모로코 차 문화의 특징

- ☑ 제3의 홍차 생산지, 아프리카를 대표하는 홍차 애호국.
- ☑ 일본의 다도를 방불케 하는 모로칸 티 세리머니는 반드시 경험해보자!

이슬람권에 차 애호가가 많은 이유

이슬람권에서는 커피도 술에 준하는 것으로 간주해 규제를 하던 시대가 있었다. 이 때문에 차가 친숙한 존재가 되면서 굉장히 차를 좋아하는 나라가 많다. '차는 대접하는 문화'라는 인식이 있으며, 소통을 위한 도구로 차를 애용한다.

태양이 작열하는 나라에서 탄생한 차이

세계의 차 문화
인도

홍차 대국 인도의 자랑 스파이스 차이

대항해 시대, 유럽 각국이 막대한 부를 축적하기 위해 목표로 삼은 것은 인도였다. 그리고 그 패권 다툼에서 승리를 거둔 나라는 영국이었다.

인도가 홍차의 산지로 역사상 첫 시작을 알린 것은 식민지 시대인 1823년의 일이다. 아삼 지방에서 자생하던 차나무가 발견되면서 영국 자본으로 다원 개척이 시작되었다. 중국의 차에 의존하던 영국에서는 19세기 후반 인도산 홍차 생산이 궤도에 오르면서 '제국산 홍차'가 중국

찻잎을 대신했다.

하지만 인도에서 일반인들이 홍차를 마시게 된 것은 20세기에 들어선 후의 일이다. 1차 세계대전 후, 노동자들도 드디어 티 브레이크를 가질 수 있게 되었다. 그리고 2차 세계대전 후, 인도는 오랜 세월 묶여 있던 예속의 사슬에서 벗어나 영국으로부터 독립한다.

독립 후 인도는 홍차가 주요 수출산업이 되면서 세계 최대의 홍차 생산량을 자랑하게 되었다. 중국과 나란히 10억 명이 넘는 국민 대부분이 차를 마시니, 소비량도 전 세계에서 상위를 차지하고 있다. 그야말로 차는 인도 사람들의 일상생활에서 떼어놓을 수 없는 존재다.

인도에서는 차를 '차이'라고 부른다. 보통, 차이 하면 냄비를 이용해 찻잎을 우유와 함께 우려낸 달콤한 홍차인 인도식 차이가 연상된다. 인도의 거리에서는 강렬한 화력을 가진 풍로로 몇 번씩이나 끓여가며 차이를 만드는 모습을 볼 수 있다. 찻잎을 오랫동안 팔팔 끓이면 잡미가 나올 법도 한데 어째서 이렇게 푹 끓인 스튜드 티가 정착하게 된 걸까?

인도에 차가 보급되기 시작했을 당시, 품질이 좋은 찻잎은 모두 영국을 비롯한 해외로 수출되었기 때문에 국내에서 마시는 찻잎은 '더스트'라 불리는 등급의 찻잎이었다.

더스트(Dust)는 쓰레기 또는 먼지라는 의미에서 알 수 있듯이, 가공 단계에서 체를 통과해 바닥에 떨어질 정도로 작은 입자의 찻잎을 말한다. 이 더스트를 어떻게 하면 맛있게 마실 수 있을지 생각하다가, 영국식처럼 티 포트로 추출하지 않고 푹 끓여서 찻잎의 진액을 짜내는 방식을 고안해냈다.

그리고 홍차 본연의 향이 우유 냄새로 인해 손상되는 결점을 보완하기 위해 스파이스(향신료—옮긴이)를 첨가했다. 스파이스 대국인 인도답게 계피, 카르다몬, 검은 후추처럼 카레에 넣을 법한 스파이스를 냄비에 넣고 함께 끓여내면, 맛있고 향도 좋으며 영양소도 섭취할 수 있었다. 또한 매운 요리와도 잘 어울리는 차이를 만들 수 있어서 이 방식이 인도의 홍차 스타일로 정착했다.

차이와 마살라 차이의 다른 점은?
힌디어로 '마살라(Masala)'는 섞는다는 의미다. 스파이스가 들어간 차이를 '마살라 차이'라고 부른다.

마신 후에는
그릇을 깨뜨리다

인도의 거리를 걷다 보면 길 양쪽에 빽빽이 늘어선 차 포장마차를 만날 수 있다. '차이왈라'라 부르는 이곳은 가볍게 차이 한잔을 즐기기에 안성맞춤이다. 차이의 가격은 한 잔에 약 180~270원 정도며, 차를 주문하면 '쿠리'라 부르는 잔에 담아준다.

그런데 차이를 다 마신 후에 놀라운 풍경이 벌어진다. 놀랍게도 사람들은 쿠리를 있는 힘껏 땅에 내동댕이쳐 깨뜨려버린다. 이는 잔을 깨뜨려 다시 땅으로 돌려준다는 의미라 하는데, 확실히 쿠리를 손으로 만져보면 흙을 굳히기만 한 애벌구이 토기다. 비가 내리면 다시 흙으로 돌아간다는 사고방식에서 탄생한 쿠리는 자원 환원이라는 측면에서도 이로울 것 같다.

인도를 방문한다면 콜카타의 떠들썩한 분위기를 즐기며 차 포장마차

에서 차이에 도전해봐도 좋고, 다르질링의 정취에 젖어 마하라자(인도에서 왕에 대한 칭호—옮긴이)가 마실 법한, 당일 아침에 딴 고급 차를 마음껏 즐겨보는 것도 좋을 것이다. 이처럼 인도는 다채로운 홍차 문화를 만날 수 있는 나라다.

인도 차 문화의 특징

- ☑ 세계 최대의 홍차 산지 인도에 뿌리내린 것은 맵고 달콤한 차이.
- ☑ 차이를 다 마시고 나면 빈 쿠리를 깨뜨린다!

쿠리를 이용하는 것은 지속가능한 전략?

쿠리는 전문 기술자들이 만든다. 물레를 돌려가면서 한 사람이 하루에 500개가량을 손으로 만든다고 한다. 이는 옛날 카스트제도가 남긴 흔적인데, 쿠리를 없애버리면 기술자들의 수입원이 사라지기 때문에 현재까지도 계속 이어지고 있다. 지속가능한 사회 관점에서 봤을 때도 쿠리의 이용은 자원 환원으로 이어질 가능성이 높다.

유목민들에게 오아시스가 되어주는 버터차

세계의 차 문화
티베트

강렬한 향도 익숙해지면 맛있다

세계의 다른 나라 사람들만큼이나 티베트인들도 차(티베트 발음으로는 '자'에 가깝다)를 대단히 사랑한다. 아침에 일어나면 먼저 차를 우리고, 잘 때까지 차를 열 잔가량이나 마실 정도다.

티베트에 차가 전래된 것은 일본보다도 빠른 7세기의 일로, 640년에 중국의 황녀가 티베트 왕에게 시집온 것이 계기가 되었다.

말 목축이 적합하지 않았던 중국에서는 중앙아시아 유목민의 말과

윈난성에서 만든 차를 교환하는 '차마무역'이 오래전부터 이루어지고 있었다. 차의 원산지인 윈난성 남부에서 티베트고원에 걸친 티로드는 '차마고도(茶馬古道)'라고 하는 중요한 교역로였다.

이런 티베트 유목민들 사이에서 널리 퍼진 것이 바로 버터차다. 중국의 고형차를 부숴 우려낸 다음, 염소나 야크(티베트고원지대에 서식하는 소과의 포유동물—옮긴이) 우유와 버터, 소금을 넣고 '돈모'라 부르는 믹서로

티베트 불교와 차

티베트에서는 아침에 눈을 뜨자마자 차를 만들어 불전에 공양하고, 기원의 말씀을 올린 다음에 차를 마신다. 한때, 차는 전부 사원에서 관리했기 때문에 예불이나 축제 때 꼭 필요한 존재였다. 승려 중에는 하루에 차를 50~60잔이나 마시는 이도 있을 정도다.

섞어서 만든다. 버터차를 마시는 방법은 조금 독특하다. 만든 차를 티 포트로 옮긴 다음 목제 다완에 따라서 마신다.

실제로 티베트에서 버터차를 대접받은 경험이 있는 사람에게 물어보니, 염소 버터와 흑차가 어우러진 강렬한 향이 특히 인상적이었다고 한다. 이 향에 익숙해질 때까지 꽤 힘들었다고 하는데, 차라기보다는 수프에 가까운 느낌으로, 몇 번 마시다 보니 맛있게 느껴졌다고 한다.

원래 티베트의 젊은 세대 사이에서는 인도식 차이가 널리 퍼져 있었다. 하지만 현재 버터차 문화는 티베트뿐 아니라 몽골이나 부탄에도 정착되었을 정도로 고산지대 나라에 뿌리내렸다. 버터차는 고지의 혹독한 기후 속에서 살아가는 데 몸을 따뜻하게 해주고 영양분을 보충해주는 고마운 존재인 셈이다.

티베트 차 문화의 특징

- ☑ 특색이 강한 버터차는 한번 마시면 중독이 될 수도 있다.
- ☑ 하루에 열 잔 이상 차를 마시는 습관이 있다.

티베트에서 판매하는 야크 버터.

동양과 서양이 융합된 차 문화

우유를 넣지 않는 홍콩식 밀크티

홍차가 야기한 비극으로 인해 1997년까지 영국 통치하에 있던 홍콩은 중국과 영국의 문화가 융합된 이국적인 섬나라다.

차 문화 역시 그런 특색을 가지고 있다. 홍콩에는 영국 통치 시대에 탄생한, 조금은 특이한 홍콩식 밀크티가 있다. 영국식 홍차는 우유를 듬뿍 넣어서 마시지만, 홍콩식은 일반적인 우유가 아니라 무가당 연유를 넣는다. 연유는 생우유를 가열 살균해 농축한 유제품으로, 상온에서 장기간

보존이 가능하다는 이점이 있다.

왜 연유를 사용하는지 그 이유를 알기 위해서는 영국 식민지 시대로 거슬러 올라가야 한다. 영국식 홍차에는 우유가 필수였다. 하지만 중국에는 차에 우유를 넣는 문화가 없었을뿐더러 홍콩에는 목장이 없었기 때문에, 신선한 우유를 구하기가 쉽지 않았다.

그래서 1885년에 발명된 연유를 대용품으로 사용하게 되었고, 그 문화가 널리 퍼져 나갔다. 하지만 안타깝게도 신선한 우유의 풍미에 익숙했던 영국인들에게는 홍콩식 밀크티가 입에 맞지 않았던 것 같다. 참고로 영국에서 마시는 홍차가 맛있는 것은 사용하는 우유가 다르다는 이유도 있다. 저지(Jersey)종의 우유와 경수로 우려낸 홍차가 환상의 조화로움을 빚어낸 것이다.

홍콩식 밀크티는 홍콩이 중국에 반환된 후 중국에서 붐을 일으켰다. 차라고 하면 따뜻한 스트레이트 티밖에 마시지 않던 중국인들이 우유를 넣은 아이스티까지 마시게 된 것은 차의 대혁명이라 할 수 있다.

홍차와 커피를 섞은 이색적인 음료

홍콩에는 홍콩식 밀크티보다 훨씬 더 놀라운 차가 있다. 이름하여 원앙차. 여기서 원앙은 원앙새를 가리키며, 원앙차는 홍차와 커피를 섞은 음료를 말한다. 동양의학에서 차는 차가운 성질이고 커피는 따뜻한 성질이라 여기는데, 그 두 가지를 결합하니 조화로운 세기의 대발견, 아니 참신한 대발견인 셈이다.

원앙차는 주로 카페 메뉴로 즐기는데, 만드는 법도 다양하다. 홍차와

요리와 차를 즐기는, 차찬텡

홍콩에는 차찬텡(茶餐廳)이라고 하는 대중적인 끽다 식당이 있다. 중화요리에서 양식까지, 다양한 요리와 차를 마음껏 즐길 수 있는 곳이다.

커피의 추출액을 섞어서 만드는 방법, 홍차 찻잎과 커피 가루를 섞은 것을 추출하는 방법, 따뜻한 원앙, 차가운 원앙, 연유를 넣은 것, 콘덴스밀크를 넣은 것, 타피오카를 넣은 것 등 다양한 방법으로 변주가 가능하다. 마셔보면 확실히 이색적인 맛을 느낄 수 있다.

누가 이렇게 신기한 조합을 고안해냈는지 밝혀지지는 않았지만, '홍차와 커피를 섞으면?'이라는 발상 그 자체가 참 재기 발랄하다. 언젠가는 세계 3대 음료 중 하나인 코코아를 더한 '트리플 드링크'가 세계 곳곳에서 트렌드가 될 가능성도 있지 않을까.

홍콩 차 문화의 특징

- ☑ 무가당 연유를 넣은 홍콩식 밀크티가 유명하다.
- ☑ 홍차와 커피를 섞은 원앙차에는 참신한 아이디어가 담겨 있다.

립톤에서는 '홍콩식 커피 홍차'라는 이름으로 원앙차를 출시했다. 일본 코메다 커피점의 메뉴로 등장하는 등, 일본에서도 원앙차는 서서히 이름을 알리는 중이다.

향수를 불러일으키는 다예관에서 버블티 붐까지

세계의 차 문화

대만

최고의 우롱차는 대만에 있다

차를 좋아하는 사람이라면 한 번은 꼭 방문하고 싶은 나라가 바로 대만이다. 전 세계의 차 애호가들은 "최고의 우롱차는 대만에 있다"고 말한다.

제2의 중국차 산지로 불리는 대만에서 만드는 차는 청차(清茶)가 중심을 이루는데, 특히 추천할 만한 것이 대만차의 대표선수 '동방미인'* 이

* 동방미인은 대만의 독자적인 우롱차로, 백호우롱이나 향빈우롱 등 다양한 이름으로 불렸다. 엘리자베스 2세가 칭송했다고 해서 동방미인, 즉 '오리엔탈 뷰티(Oriental Beauty)'라는 이름이 전 세계에 알려졌다.

다. 오늘날에도 영국의 상류층 사람들은 중국계 차를 즐겨 마시는데, 동방미인은 발효도가 높아 다르질링 홍차와 같은 향기로운 풍미를 지니고 있어서 '샴페인 우롱'이라고도 불린다.

대만에서는 18세기 말, 중국 푸젠성의 우이산에서 차 묘목이 들어온 이후 우롱차를 생산하기 시작했다. 대만차는 '포모사 티'라는 이름으로 널리 알려져 있으며, 영국에서 애프터눈 티의 유행과 더불어 절대적인 인기를 얻었다. 포모사라는 이름은 16세기 대항해 시대, 대만을 발견한 포르투갈인이 아름다운 섬을 의미하는 "일라 포모사(Ilha Formosa)"라고 외쳤다는 데서 유래한다.

대만의 독자적인 티 세리머니인 대만 다예.

청일 전쟁 후, 대만은 일본의 통치하에 놓이게 되었다. 일본 정부는 제다 기술을 아낌없이 전수하고 설비를 투입해 대만의 차산업을 지원했다. 제2차 세계대전 후 일본의 통치에서 벗어난 대만은 경제 부흥을 위한 중요 정책 중 하나로 차산업을 내걸었다.

중국에서는 사라져가던 전통적인 제다법이 대만에서 독자적인 발전을 이루면서 1990년대의 고산차(해발 1,000m 이상의 고산지대에서 생산되는 차—옮긴이) 붐으로 대만의 차산업은 최전성기를 맞이했다. 현재 대만은 우롱차뿐 아니라 홍차 재배에도 주력하고 있다.

현재 대만에서 차 문화는 일상생활에 깊이 뿌리내렸다. 최근에는 지나가는 사람들에게도 차를 대접하는 추억의 '팽차' 문화를 현대적으로 재

길가에서 흔히 볼 수 있는 무료차를 의미하는 것으로, 대만인의 환대, 친절의 정신, 그리고 인간의 손길을 상징하는 말이다.

해석해, 무료로 차를 제공하는 '팽차 스폿'이 확산하고 있다. 텀블러를 들고 다니다가 차를 마시고 싶으면, 검색 앱으로 팽차 스폿를 찾아서 길거리에서 자유롭게 차를 즐길 수 있다. 무엇보다 페트병의 사용을 줄인다는 점에서 지속가능한 발전 전략이라 할 수 있다.

최근에는 '대만 다예(臺灣茶藝)'라 불리는 독자적인 티 세리머니도 등장했다. 차호로 차를 우려낸 다음 향을 즐기기 위한 문향배(聞香杯)에서 작은 찻잔으로 옮겨 담아 정성껏 풍미를 맛보는 작법으로, 다양한 유파가 존재한다.

대만 차 문화의 특징

- ☑ 전 세계에서 가장 맛있는 우롱차를 마시고 싶다면 대만으로 GO!
- ☑ 타피오카 밀크티를 비롯해 차의 새로운 스타일을 끊임없이 제안하고 있다.

아메이 차주관

대만차의 세계를 부담 없이 마음껏 즐길 수 있는 장소가 바로 '차주관(茶酒館)'이다. 지우펀에는 〈센과 치히로의 행방불명〉의 모델인 아메이 차주관이 있다. 향수를 불러일으키는 레트로한 분위기 속에서 차 도구를 이용해 정성껏 우린 맛있는 차와 다과를 즐길 수 있다.

Column

동글동글 입안이 즐거운
타피오카 밀크티

세계적인 버블티 붐을 일으켰던 타피오카 밀크티 역시 대만에서 탄생했다. 타피오카 밀크티의 시작은 1980년대로 거슬러 올라간다. 원래 중국과 마찬가지로 대만에서도 차를 따뜻하게 마시는 문화가 있었다. 하지만 본토와는 달리 대만은 아열대기후였고, 젊은 세대를 중심으로 따뜻한 차를 기피하는 현상이 나타나면서 차가운 차가 널리 퍼지기 시작했다. 아이들도 가볍게 차를 마실 수 있도록 달콤한 아이스 밀크티를 만들었고, 재미로 타피오카를 넣었더니 곧바로 인기를 끌면서 전 세계로 퍼져 나갔다.

사실 원조 '타피오카 밀크티'를 주장하는 가게는 두 군데가 있다. 바로 한린차관(翰林茶館)과 춘수이탕(春水堂)이다. 두 가게가 원조 타이틀을 놓고 10년에 걸쳐 재판을 벌인 결과, '결정을 내릴 필요 없음'이라는 판결이 나왔다. 역시나 정통성을 다투는 원조 대결은 만국 공통의 논쟁거리다.

쫀득쫀득한 타피오카의 비밀

동글동글 입속을 즐겁게 만드는 타피오카는 무엇으로 만들었을까.

본고장 대만에서 사용하는 타피오카의 원료는 카사바라고 하는, 감자류 식물의 뿌리줄기로 제조한 전분이다. 이 밖에도 곤약이나 한천이 함유된 타피오카도 있다.

순수한 타피오카는 차갑게 식으면 딱딱해지는 성질이 있어서 쫀득쫀득한 독특한 식감이 사라진다. 맛도 좋고 만들기도 쉽도록 연구한 결과 현재의 타피오카가 탄생했는데, 식었을 때 비교해보면 순수한 타피오카와 식감이 상당히 다르다는 것을 알 수 있다.

최근에는 홍차뿐 아니라 녹차, 우롱차, 커피와 블렌딩한 것까지 다양한 타피오카 티가 출시되면서 각양각색의 타피오카가 전 세계에서 인기를 이어가고 있다.

끽다문화의 초석을 다지다

세계의 차 문화
중국

지역마다 다른 중국의 차 문화

'영국은 홍차의 나라, 중국은 우롱차의 나라'라고 생각하는 사람들이 많다. 그런데 이것은 우롱차 광고 등의 영향으로 만들어진 이미지로, 실제 중국에서 만들어지는 차의 70퍼센트는 녹차이며, 가장 많이 마시는 차도 녹차다.

녹차라고는 하지만, 일본인들이 주로 마시는 일본차와는 조금 차이가 있다. 일본의 녹차는 증기로 쪄서 발효를 멈추는 증제차지만, 중국 녹차

는 덖음차다. 가마솥으로 덖기 때문에 독특한 가마향이 나며, 마셨을 때 담백하고 수색도 밝은 황록색을 띤다. 일본에서도 규슈의 우레시노 일부 지역에서는 이 방식으로 녹차를 만든다.

한편, 우롱차는 반발효차 중에서도 '청차'에 해당한다. 주요 산지는 푸젠성이나 광둥성과 같은 일부 지역으로, 화남 지역에서 선호하는 지방차(茶)라는 이미지가 있다. 국토가 넓은 중국에서는 지역마다 역사와 풍토도 다르지만, 차 문화 또한 다르다. 상하이와 같은 화동 지역에서는 녹차, 쓰촨성과 같은 내륙부와 베이징에서는 재스민차가 주류를 이루는데, 우롱차의 인기도 전국으로 확산하고 있다.

산토리의 히트 전략

우롱차 인기의 배경에는 산토리의 치밀한 전략이 있었다. 산토리가 일본에서 우롱차를 발매한 1981년 당시, 용기는 페트병이 아닌 캔이었다. 그때까지 캔 음료는 단 음료라는 이미지가 강했는데, 산토리가 무가당 차라는 새로운 시장을 개척한 것이다.

원래 우롱차는 홍차나 녹차에 비해 존재감이 약했는데, '미용과 건강에 좋다'는 이미지가 확산하면서 크게 히트를 쳤다. 게다가 '지방 흡수를 억제한다'는 효과를 내세워 2006년에 출시한 흑우롱차가 2009년에 특정보건용식품으로 인정받으면서, 인지도는 더욱 높아졌다.

1997년, 산토리식품인터내셔널 상하이(산토리식품무역유한공사)는 중국 최초로 페트병 우롱차를 판매했다. 출시 당시에는 "돈 내고 뭐 하러 차를 사 마시지? 하물며 차가운 우롱차를 누가 마신다고"라며 혹평을 받았다. 차는 모름지기 집에서 따뜻하게 우려 마시는 음료라는 생각이 강했던 시기였고 가격도 높게 설정되었기에, 어떤 의미에서는 획기적인 실험이었다. 하지만 페트병 우롱차는 대히트를 쳤고, 이에 중국인들은 크게 놀랐다.

재탄생하는 끽다 문화

중국에서 차는 생활에서 뗄 수 없는 존재다. 방문객에게 "우선 차라도 한 잔…" 하고 말을 건네는 끽다거 문화는 중국 당나라 시대의 《선어록(禪語錄)》에 등장하는 말에서 나왔다. 손님에게 차를 대접하지 않는 '무차(無茶)'나, 쓴맛의 차를 대접하는 '고차(苦茶)'는 '무차고차(無茶苦茶)', 즉 실례를 범하는 행동이었다.

당나라 시대에 시작해 지금까지 이어져 내려오는 문화도 있다. 거리 도처에 있는 중국식 찻집 '다관'은 동서의 교역로 실크로드와 티로드를 따라, 카라반들에게 휴식을 제공하기 위해 생겨난 곳이다. 송나라 시대가 되면 다관은 상류계급과 지식인들이 모이는 살롱 역할을 하며 문화예술의 거점으로서 그 융성이 극에 달했다.

1949년 중화인민공화국이 건립되면서부터는 국가가 다관을 운영했다. 하지만 문화대혁명이 한창일 때 다관은 부르주아적인 반체제라는 공격을 받았고, 그 모습을 감추었다. 그러다 시간이 흘러 최근, 다관이 재탄생하고 있다. 천천히 차를 즐기면서 딤섬을 먹는 '얌차'라는 전통적인 티타임 문화도 계승되고 있다. 차의 맛을 즐기는 일본차와 달리, 중국차는 향을 즐긴다. 각양각색의 딤섬과 차의 페어링을 통해 심오한 얌차의 세계를 즐길 수 있다.

한편, 길고 긴 차의 역사를 지닌 중국은 다도 같은 전통문화도 당연히 발달했을 거라고 생각하는 사람들이 많다. 실제로는 어떨까?

산토리의 명예 차 제조가가 만드는 우롱차

산토리의 우롱차는 중국 우이산 주변에서 생산되는 품종 '수선'을 원료로 한 반발효차로, 푸젠성이 인정한 '명예 차 제조가'가 찻잎의 선정에서부터 블렌딩, 덖음, 추출까지 관리하면서 완성했다.

중국판 다도로 알려진 '다예(茶藝)'는 일본처럼 정신을 중시하는 '도(道)'와는 성격이 다르다. 다예는 차를 즐기기 위한 '예(藝)'에 가까운 것으로, 1970년대에 탄생한 새로운 문화다. '다예사'라는 국가자격증이 있으며, 다예사는 차의 매력을 전하는 전도사 역할을 하고 있다.

중국에서 탄생한 차는 전 세계로 퍼져 나가 식문화에 커다란 영향을 미치며 사람들의 몸과 마음을 치유해왔다. 티타임의 스타일은 다르지만, 조화를 중시하는 정신에는 국경이 없다. 차 한잔을 통해 다른 문화를 만나고 교류를 도모하면서, 앞으로도 차의 세계는 국경을 초월해 끊임없이 커질 것으로 보인다.

중국 차 문화의 특징

- ☑ 중국인들이 즐겨 마시는 것은 압도적으로 녹차. 하지만 우롱차도 확산세를 키워나가는 중이다.
- ☑ 차는 중국 문화를 말할 때 빼놓을 수 없는 존재로 일상 생활 속에 자리하고 있다.

Column

중국을 대표하는 7가지 차

중국차 하면 녹차, 우롱차, 재스민차, 보이차 정도가 떠오르지만, 실제로 중국에서 만들어지는 차의 종류는 1,000가지가 넘는다. 게다가 대만차나 세세한 품종까지 합치면 자릿수가 달라질 정도로 많다.

중국차는 크게 발효도에 녹차, 백차, 황차, 청차, 홍차, 흑차의 6대 다류로 분류하며, 여기에 꽃차를 더해 기본을 이룬다.

① **녹차**(綠茶)

중국에서 가장 많이 마시는 차는 비발효차인 녹차로, 그 종류도 다채롭다. 증제차인 일본차와 달리, 중국 녹차는 덖음차가 주류를 이루며, 떫은맛은 적고 향이 두드러지는 편이다. 찻잎은 녹색이며, 수색은 밝은 황록색을 띤다.

대표적인 녹차로는 용정차가 있다. 용정차는 덖을 때 찻잎을 가마에 꾹 누르기 때문에 평평한 모양이 특징이다.

② **백차**(白茶)

약발효차인 백차는 최고의 차라 불리며, 기원전부터 만들어진 희소차다. 사람의 손이 가장 덜 가는 차로, 생엽이 가지고 있는 산화효소를 자연스럽게 유발해 천천히 약발효한 후 건조하는 제다법으로 만든다. 찻잎은 솜털에 싸여 하얗게 보이며, 수색은 엷은 황록색을 띤다.

대표적인 백차로는 백호은침이 있다. 어린잎만 조심스럽게 따서 만드는 고전 명차로, 옛날에는 헌상차로 황제에게 진상되었다.

③ 황차(黃茶)

황차는 특수한 제다법으로 만드는, 중국 내에서도 희소성이 높은 진귀한 고급 차다. 백차와 마찬가지로 발효도가 약한 약발효차로, 아주 조금 발효한 후, 민황이라고 하는 후발효 과정을 더한다. 종이나 천에 찻잎을 싸서 고온다습한 상태로 발효하기 때문에, 엽록소인 클로로필 성분이 변화해 찻잎과 수색이 황록색을 띤다.

대표적인 황차로는 군산은침이 있다. 차라기보다는 감칠맛이 나는 다시국물과 같은 맛을 가지고 있어 호불호가 갈리지만, 차에 조예가 깊은 사람들이 특히 선호하는 차다. 청나라 시대 황제가 즐겨 마시던 차로 유명하다.

④ 청차(青茶)

청차는 비발효차에서 발효도가 높은 것까지 범위가 넓은 반발효차의 총칭이다. 제다법과 종류도 폭이 넓으며, 풍미도 녹차에 가까운 것에서부터 홍차에 가까운 것까지 다종 다양한 차다.

찻잎은 발효가 진행된 갈색과 비발효된 녹색이 섞여 있어 푸르스름하게 보이며, 수색은 발효 정도에 따라 점점 진해진다.

대표적인 청차는 우롱차다. 이외에 안계철관음차와 우이암차 등이 있으며, 각양각색의 풍미를 지닌다.

⑤ 홍차(紅茶)

중국이 발상지인 완전발효차로, 영국인들의 기호에 맞게 발효도를 서서히 높이다가 시행착오 끝에 완성되었다.

대표적인 홍차로는 기문홍차가 있다. 약 같은 스모키 향이 특징이며, '세계 3대 홍차' 중 하나로 손꼽힌다.

⑥ 흑차(黑茶)

흑차는 찻잎에 미생물의 작용을 가해서 발효해 만드는 후발효차다. 장기 보존이 가능해서 시간이 지나면 가치가 오르기 때문에, 빈티지 티로 차 전문가들이 선호하는 차다.

대표적인 흑차는 보이차며, 지방의 흡수를 억제하는 다이어트 차로 인기가 좋다.

⑦ 꽃차

찻잎을 향기가 나는 꽃과 함께 블렌딩해서 꽃향기를 흡착시킨 차를 총칭한다. 대표적인 꽃차는 재스민차이며, 베이스가 되는 찻잎과 섞는 꽃에 따라 풍미가 전혀 달라지는 특징이 있다. 최근에는 꽃과 찻잎을 조합한 예술품 같은 공예차도 인기를 끌고 있다.

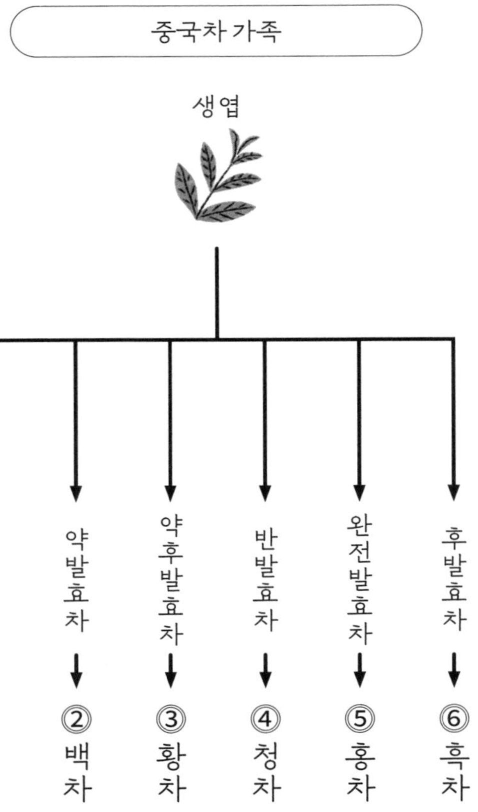

〚 중국의 6대 차 〛

Chapter 5

이렇게나 재밌는 홍차

품종과 브랜드에 담긴 홍차 이야기

홍차와 와인의 공통점

차는 전 세계 40개국이 넘는 산지에서 재배되고 있다. 차나무는 기후의 영향을 쉽게 받는 식물로, 추위에 약하며 고온다습한 기후를 선호한다. 세계지도를 펼쳐놓고 차 산지를 찾아보면, 적도를 사이에 두고 북위 45도부터 남위 35도까지 온난한 지역에 밀집되어 있다는 사실을 알 수 있다. 바로 이 일대를 '티 벨트(Tea Belt)'라 부른다. 최근 지구온난화의 영향과 재배 기술의 진보로 인해 티 벨트는 해마다 넓어지고 있다.

참고로 티 벨트 외에 커피 벨트도 있는데, 북위 25도에서 남위 25도 사이에 위치한다. 이를 보면 홍차의 생산 범위가 얼마나 넓은지 가늠할 수 있다.

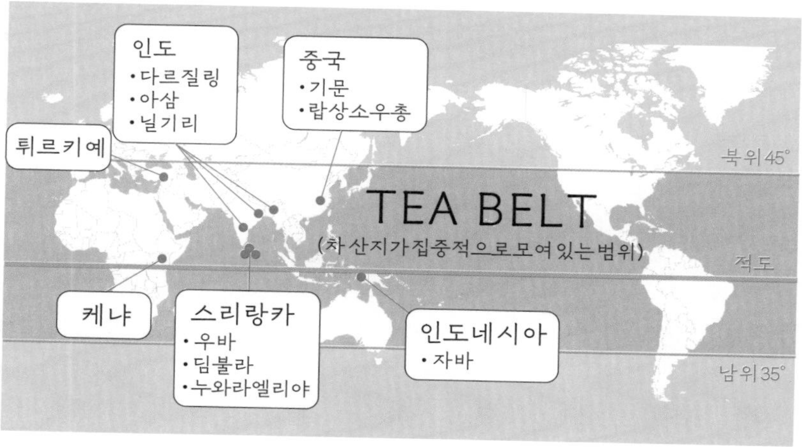

〚 세계의 티 벨트 〛

와인과 홍차는 공통점이 많은 음료이며, 그중 하나가 테루아르다. 테루아르는 토지의 개성이나 재배 환경을 뜻하는 말로, 와인과 마찬가지로 홍차의 풍미를 결정하는 중요한 요소다.

같은 나라에서 재배된 홍차라도 토지의 기후나 토양에 따라 그 특징은 천차만별이다. 예를 들어, 같은 인도의 다르질링 산지라고 해도, 다원의 입지에 따라 해발이나 경사가 다르기 때문에 다른 풍미를 가진 홍차가 생산되며, 같은 다원이라도 그해의 기후나 채취 시기에 따라 맛이 달라진다.

수확 시기 중에 가장 양질의 찻잎을 채취할 수 있는 시기를 '퀄리티 시즌(Quality Season)'이라 부른다. 특히 섬세한 홍차일수록 강우량과 일조시간, 일교차에 따라 향과 보디감이 달라지기 때문에 해당 연도의 수확이 좋을 수도, 그렇지 않을 수도 있다. 그래서 "2004년 캐슬톤 다원의 세컨드 플러시(두물차—옮긴이)는 잊을 수 없는 풍미"라고 표현하는 것처럼, 한 잔의 홍차가 평생 한 번 찾아오는 기회라고 여기고 즐기는 문화가 존재하는 것이다.

넓어지는 티 벨트

한때는 불가능하다고 여겼던 영국에서의 차 재배가 이루어지면서, 일본에서도 차 전문점 루피시아가 홋카이도의 니세코에서 차 재배를 추진하고 있다.

탁월한 홍차의 선택
티 셀렉션 읽는 법

호텔 라운지에서 메뉴를 펼치면 티 셀렉션에 빼곡히 적혀 있는 홍차 목록과 만난다. 아마 이때 무엇을 어떻게 골라야 할지 몰라 '홍차 미아 상태'에 빠지는 사람들이 많을 것이다. 그날의 기분과 컨디션에 따라 홍차를 선택할 수 있다면, 더욱 넓은 홍차의 세계와 만날 수 있다. 지금부터 누구나 간단히 홍차를 선택할 수 있는 핵심 지식을 소개한다.

STEP 1.
홍차 진열장을 떠올려라

먼저 홍차 진열장을 떠올려보라. 그곳에는 서랍 세 개가 달려 있다. 가장 위 서랍에는 '산지 품종', 그 아래 서랍에는 '블렌디드 티', 제일 아래 서랍에는'가향티(Flavored Tea)'가 들어 있다.

가장 위 서랍에 있는 '산지 품종'부터 살펴보자. 홍차의 종류는 수천, 수만 가지에 이르는데, 모든 것의 베이스가 되는 것이 산지 품종이다. 일본차를 예로 들면, 우지차, 사야마차처럼 재배 산지가 그대로 품종이 된 것으로, 3대 홍차인 다르질링(인도), 우바(스리랑카), 기문(중국)은 각각의 개성과 함께 기억해두면 좋다.

이러한 산지 품종을 베이스로 몇 가지 찻잎을 배합한 차를 '블렌디드 티', 향을 더한 홍차를 '가향티'라 부른다.

홍차 전문점인 마리아주 프레르는 '세계 35개국의 600종류나 되는 찻잎을 취급한다'고 주장하는데, 그 티 리스트는 마치 한 권의 차 사전과 같다. 페이지를 넘기면 압도당할 만큼 많은 품종으로 가득하지만, 모든 차는 반드시 '서랍 세 개' 중 하나로 분류할 수 있다.

STEP 2.
홍차의 등급을 파악하라

그다음으로 알아야 할 것은 '등급(Grade)'이다. 품종 옆에 암호 같은 알파벳이 붙어 있다면 그것이 바로 홍차의 등급이다.

'오렌지 페코'라는 말을 들어본 적이 있는가? 쇼와 시대에 유행했던

먼저 서랍 세 개를
머릿속에 집어넣어야 해.

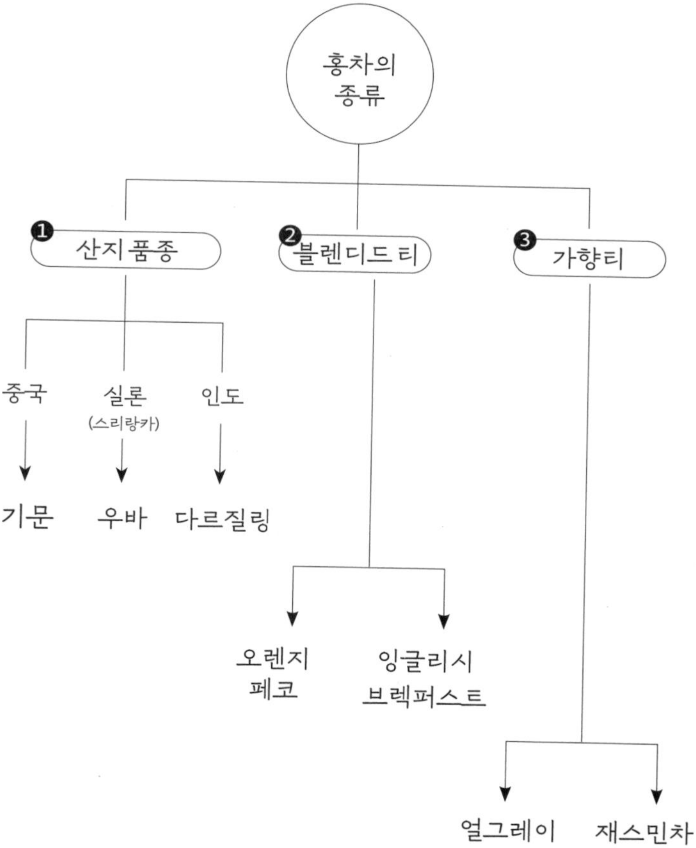

〖 홍차의 종류와 품종 예 〗

트와이닝의 오렌지 캔의 이미지 때문에 오렌지 향이 나는 가향티라고 잘못 알고 있는 사람도 있고, 다르질링이나 기문처럼 산지 품종 중 하나라고 오해하는 사람도 많을 정도로 수수께끼에 싸인 홍차지만, 사실 오렌지 페코는 홍차 용어로 등급을 뜻하는 말이다.

홍차는 크게 1㎝ 전후의 커다란 찻잎 OP(Orange Pekoe), 2~3㎜로 자른 BOP(Broken Orange Pekoe), 1~2㎜로 자른 BOPF(Broken Orange Pekoe Fannings) 그리고 더 잘게 자른 D(Dust)로 등급이 나뉜다. 찻잎의 크기에 따라 우리는 시간이 달라지기 때문에 찻잎의 크기가 하나의 기준이 되는 것이다.

그리고 팁*이 많이 포함되어 있는 찻잎에는 티피(Tippy), 팁이 금색이나 은색인 경우에는 골든(Golden), 이보다 더 상급의 찻잎에는 스페셜(Special)이나 파이니스트(Finest)라는 형용사가 붙는다.

예를 들어 아래에 있는 라벨을 읽어보면, 다음과 같은 정보를 알 수 있다.

CASTLETON
2022-DJ123
SECOND FLUSH
FTGFOP

* 생엽 끝부분에 있는 아직 피지 않은 어린싹을 말한다. 바깥이 미세한 솜털에 덮여 있으며 성장하면서 솜털은 떨어져 나간다.

· 인도 다르질링 지방 캐슬톤 다원 2022년 세컨드 플러시(Second Flush, 두물차, 여름에 수확)

· 등급 Finest Tippy Golden Flowery Orange Pekoe(1cm 전후의 잘 꼬인 바늘 모양으로 흰 솜털에 덮인 어린싹을 많이 포함하고 있는 최고 등급의 찻잎)

등급은 와인으로 치면 라벨과 같다. 등급을 읽어낼 수 있으면 홍차의 세계는 한층 더 심오해진다. 밀크티를 마시고 싶을 때, 레몬티를 마시고 싶을 때, 상황별로 적합한 등급을 선택할 수 있으면 더 이상 헤매지 않고 홍차를 즐길 수 있다.

Break Time

오렌지 페코의 유래

귀여운 울림을 주는 '페코'라는 말은 중국어에서 유래했다.

중국의 고전 명차 중에 백호은침이라는 헌상차가 있었다. 18세기, 그 명차는 영국의 왕족과 귀족들 사이에서 귀한 대접을 받았는데, 중국어 발음인 '백호(pak-ho)'가 영국인들에게는 페코라고 들리면서, 페코는 고급

그레이딩(Grading)
그레이딩은 홍차 제조의 마지막 공정으로, 제조 공장에서 모양과 크기를 일정하게 맞추고 나면 출하를 시작한다. 그레이딩에 국제적인 기준이 있는 것은 아니며, 생산지나 티 패커에 따라 분류하는 방법이 다르다.

차라는 이미지가 널리 퍼졌다.

19세기에 발효도가 높은 차가 인기를 끌면서 빛나는 오렌지빛 수색을 만들어내는 고급 잎차를 '오렌지 페코'라 부르게 되었다. 그리고 20세기에는 그 명칭을 블렌디드 티의 상품명으로 사용했다. 이렇듯 오렌지 페코는 이미지 전략의 흐름을 타고 전 세계로 확산한 차의 대명사다.

한 가지 더. 많은 사람이 오해하기 쉬운데, 오렌지 페코는 가향티가 아니라는 사실을 명심하자.

세계 3대 홍차

1

세계 최고의 홍차 화려한 다르질링의 세계

높은 희소성을 지닌 홍차계의 샴페인

최고의 홍차는, 특유의 향긋한 향으로 일명 '홍차계의 샴페인'이라 불리는 다르질링(Darjeeling)이다. 홍차 다르질링의 고향은 히말라야산맥의 산기슭에 펼쳐진 고지 일대다. 이 지역은 영국의 식민지 시절, 피서지로 개척되었던 곳이다.

태양이 작열하는 인도에서 다르질링은 지상의 샹그리아와도 같다. 아직도 영국풍 건물과 거리가 남아 있어 그 시대의 정취를 느낄 수 있는 곳이기도 하다. 19세기 중반, 영국인 식물 헌터 로버트 포천이 중국에서 훔쳐 온 차나무를 이곳에 심으면서 다르질링의 역사는 시작되었다.

칸첸중가를 바라보는 해발 500~2,000m의 험준한 경사면에 위치한 다르질링은 사계절이 존재할 뿐 아니라, 하루에도 날씨가 더웠다가 비가 내리는가 하면 추워지기도 해서 일교차가 크다. 이러한 날씨는 깊은 안개를 만들어 다원을 뒤덮으면서 과일 향의 풍미를 만들어내는데, 안개는 차의 향을 만드는 데 대단히 중요한 요소다.

현재 다르질링에는 87개의 다원이 있다. 에스테이트(Estate)라 불리는 다원은 와인으로 말하자면 샤토(양조장)에 해당하는 말이다. 당연히 다원마다 테루아르에도 차이가 있다. 즉, 자연이 준 선물인 셈이다. 여기에도 당연히 87가지나 되는 이야기와 맛이 존재하며, 보르도의 5대 양조장처럼 최고 명문 에스테이트로 이름이 높은 다원도 몇 군데에 이른다.

다르질링이 지닌 가치 중 하나는 바로 희소성이다. 퓨어 다르질링은 인도 홍차 생산량의 1퍼센트 정도며, 그중에서도 극상품이라 불리는 것은 5퍼센트 정도에 불과하다고 하니, 얼마나 희소가치가 있는지 짐작할 수 있다. 하지만 시장에서는 퓨어 다르질링 생산량의 몇 배나 되는 양이 다르질링이라는 이름으로 유통되고 있다. 이는 산지를 위장한 것이나 모방품으로, 고급 와인이 가지고 있는 문제와 유사하다.

그래서 인도 정부는 브랜드 가치를 지키기 위해 100퍼센트 다르질링

세계 3대 홍차

19세기 빅토리아 시대, 영국의 홍차 전문가들로부터 호평을 받으며 애프터눈 티에 없어서는 안 될 홍차로 꼽힌 명차는 '인도의 다르질링', '중국의 기문', '실론(스리랑카)의 우바'다.

산을 보증하는 증명서(Darjeeling CTM)를 발행하고 있으며, 홍차의 나무상자와 포장에도 이 보증 마크가 찍힌다.

다르질링의 특징 중 하나는 퀄리티 시즌별로 크게 달라지는 풍미다. 다르질링의 수확기는 3~11월이며, 주요 퀄리티 시즌은 봄, 여름, 가을의 세 번이다. 같은 다원의 같은 차나무에서 전혀 다른 특징이 탄생하는 것을 보면, '대지에 사는 신이 내린 은총'이라는 말에 고개를 끄덕이게 된다.

봄 수확 First Flush	3월부터 4월 사이에 수확하는 첫물차. 녹차를 연상케 하는 연녹색의 찻잎과 수색을 띠며, 푸릇푸릇하고 상큼한 맛을 지닌다. 일본 시장에서 높은 가격으로 거래가 되면서 최근에는 세컨드 플러시(두물차)와 나란히 인기를 끌고 있다.
여름 수확 Second Flush	5월부터 6월 사이에 수확하는 두물차. 잎은 구릿빛으로 빛나며, 수색은 밝은 오렌지색을 띤다. 기분 좋은 떫은맛과 깔끔한 뒷맛이 특징이며, 극상품 중 일부는 머스캣 향을 가지고 있다. 맛, 향, 수색의 3박자를 모두 갖춘, 풀 보디감이 특징이다.
가을 수확 Autumn Flush	9월부터 10월 사이에 수확하는 세물차. 차나무의 생육이 약해져 풍미가 가라앉으면서 부드럽고 은은한 단맛이 나며, 숙성된 듯한 향이 여운을 남긴다.

〖 다르질링의 세 번의 퀄리티 시즌 〗

이 밖에도 우기에 수확한 차(몬순 플러시)나
겨울에 수확한 차(크리스털 플러시) 등
희귀한 다르질링을 만날 수 있어.

신비로운 향의 비밀은
곤충이 갉아 먹은 잎

다르질링 하면 단순히 달콤한 머스캣 향[*]을 상상하기 쉬운데, 사실은 전혀 다르다. 처음에는 향기로운 과일 향이 감돌고 어린잎의 상큼한 향이 그 뒤를 따른다. 샴페인에 빗대어 표현하자면 '아침 이슬이 잎에 남아 있는 피노 누아 포도밭을 걷고 있는 듯한 향'에 가까울 것 같은데, 무심코 심호흡을 하고 싶어지는 심오한 향이다.

사실, 전 세계의 다르질링 팬들을 끊임없이 매료하는 머스캣 향을 만들어내는 숨은 공로자는 진딧물이다. 진딧물이 잎을 갉아 먹으면서 신비로운 향이 탄생한다.

진딧물은 몸길이가 5㎜가량인 곤충의 일종으로, 빨대 모양의 침을 잎이나 줄기에 찔러 즙을 빨아 먹으며 살아간다. 벼에 피해를 주는 해충이기 때문에 쌀 농가에는 애물단지지만, 다르질링 다원에서는 환영받는 '고객'이다.

메커니즘을 설명하면 다음과 같다. 진딧물이 생엽을 씹어 즙을 빨아 먹으면 잎의 세포에 상처가 나면서 변색이 된다. 그러면 잎은 재생을 위해 방어기능을 작동하고 항체 물질인 파이토알렉신을 생성한다. 이는 제다 공정에서 향기 성분인 호트라이엔올이라고 하는 달콤한 밀향[**]으로

[*] 다르질링의 대명사가 된 머스캣 향은 모든 찻잎에서 나는 것이 아니라 여름에 수확한 세컨드 플러시, 그중에서도 일부 최고급 찻잎만이 가지고 있는 희소한 향이다.

[**] 밀향은 꿀의 향기를 일컫는다. 진딧물로 인해 밀향이 생긴다는 것은 최근 들어 과학적으로도 입증되었다. 일본에서도 2004년 교토 대학 화학연구소에서 〈진딧물 병충해를 이용한 대만고급우롱차제법의 비밀 해명〉이라는 논문을 발표했다.

변하는데, 바로 이것이 머스캣 향의 정체다.

진딧물은 기온이 상승하면 생기기 때문에, 다원 관리자는 여름이 가까워지면 진딧물이 오기만을 애타게 기다린다. 하지만 모든 다원에 공평하게 찾아오지는 않는다. 진딧물은 농약이나 화학비료를 사용하지 않는 유기농 차밭을 좋아하며, 차나무의 종류에 따라서도 호불호가 있다.

무엇보다 최고의 머스캣 향을 만들어내는 데는 진딧물뿐 아니라 기후, 토양, 제다 기술이 필요하다고 하니, 최종적으로는 테루아르라는 말로 응축되는 심오한 세계인 셈이다.

이렇게 진딧물이 만들어내는 밀향은 다르질링뿐 아니라 대만의 동방미인에서도 찾을 수 있다. 대만에서는 '매미충'이라 부르는, 옆으로 기어다니는 작은 곤충이 생엽을 갉아 먹어 꿀처럼 달콤한 향을 가진 우롱차가 만들어진다고 한다.

동방미인의 탄생에는 흥미로운 이야기가 전해지고 있다. 19세기 일본이 대만을 통치하던 시절, 차 산지인 신주에서 진딧물이 대량으로 발생해 큰 피해를 입었다. 이대로 찻잎을 폐기하기 아까웠던 제조자들은 버리는 셈 치고 차로 만들었는데, 숙성된 과일 향을 내는 독특한 우롱차가 되었다. 그 이국적인 풍미가 해외에서 인기를 끌면서 고가에 거래되었는데, '벌레 먹은 잎으로 고급 차를 만들 리가 없다'며 이야기를 믿지 않거나, 가짜 진딧물이 나돌기도 하면서 거짓말쟁이를 의미하는 '허풍차'라는 악명을 얻기도 했다.

이렇듯 홍차계의 샴페인 다르질링과 우롱차계의 샴페인 동방미인에는 '진딧물'이라는 공통된 키워드가 있었다.

경매에서 최고가를 찍은 고급 홍차

다원에서 제다가 된 찻잎은 차 경매에서 거래가 이루어진다. 선물거래(先物去來)를 하는 커피와 달리, 홍차는 기본적으로 생산지에서 현물거래를 한다.

인도의 콜카타, 스리랑카의 콜롬보 등 주요 경매장에서는 일주일에 두 번 정도 경매가 열리는데, 다원의 대리인인 브로커와 바이어 사이에서 격렬한 매매가 펼쳐진다. 경매에 참가할 수 있는 자격은 현지에서 등록한 멤버에 한정되며, 사실상 그 의뢰인은 왕실과 유명 인사들이다.

경매 이외의 판로로는 바이어와 에이전트가 직접 거래하는 비공개 판매와 직접 소비자에게 판매하는 직접 판매가 있으며, 최근에는 직접 판매가 많이 이루어지고 있다.

참고로, 150년의 역사를 지닌 콜카타 차 경매(Calcutta Tea Auction)에서 사상 최고가를 기록한 홍차는 다르질링 마카이바리(Makaibari) 다원의 실버 니들(Silver Needle)이다.

마카이바리 다원에서는 와인의 세계에서도 주목받는 생명역동농법을 채택해 고품질 유기 재배를 실시하고 있다. 루돌프 슈타이너(Rudolf Steiner)가 제창한 천체의 움직임을 바탕으로, 에너지가 최고조로 모이는 보름달이 뜨는 날에 손으로 수확하는 방식을 채택했다. 손으로 채취하는 기술은 일본 최고의 교쿠로 명인인 야마시타 도시카즈(山下壽一)에게 전

수받았으며, 이 같은 방법으로 만들어진 홍차의 가격은 1kg에 약 180만 원이나 한다.

전 세계 브로커들의 이목을 집중시킨 이 최고의 차는 더 리츠칼튼 도쿄에서 한 잔에 4,900엔에 제공되어 화제를 모았다.

엘리자베스 2세도 즐겨 마신 기문홍차와 난초 붐

세계 3대 홍차

2

차의 종주국인 중국을 대표하는 홍차는 기문(祁門)홍차다. 이국적인 동양의 풍미를 지니고 있어서 '중국차의 부르고뉴'라 불리며, 특히 영국 상류계급의 사람들이 즐겨 마시는 홍차다.

중국은 여전히 세계 최고의 차 생산량을 자랑하는데, 생산량 대부분이 녹차와 우롱차로 가공되며, 홍차는 주로 수출용으로 생산된다.

기문홍차는 1875년 안후이성 기문현에서 탄생했다. 기문은 당나라 시대부터 중국 유수의 차 산지였는데, 그곳에서 만들었던 차는 전부 녹차였다. 19세기에는 영국인들의 기호에 맞춰 발효차를 제조하기 시작해 막대한 이윤을 거두었고, 그러면서 우롱차를 개량한 홍차도 완성했다.

기문홍차는 기문향이라 표현되는 동양스러운 스모키 향이 특징이다. 특히 퀄리티 시즌인 여름에 수확한 최고 품종은 난초꽃에 비유되며, 기품 있는 향을 지니고 있다.

필사적으로 갖고 싶어 했던 난초 향

19세기 중반 영국에서는 난초 열풍이 크게 일었다. 유럽에서는 17세기 네덜란드에서 일어난 세계 최초의 경제 버블인 '튤립 버블' 이후, 관상용 식물이 귀족들의 취미이자 투기의 대상이 되었다.

영국은 지금도 전 국민이 정원사라 불릴 정도로 원예 대국인데, 그런 영국의 영광스러운 빅토리아 시대에 왕족과 귀족들을 열광하게 한 것이 신비로운 난초꽃이었다.

식물 헌터 중에서도 일확천금을 노린 스파이는 난(蘭)을 전문으로 하는 '오키드 헌터'였다. 귀족들은 연이어 그들에게 고액의 대가를 제시하며 진귀한 난을 손에 넣으려고 했다. 난의 수요가 높아지면서 시장 가격은 믿을 수 없을 만큼 폭등했고, 한 송이 난을 둘러싸고 헌터들끼리 서로 죽이는 사태까지 벌어졌다.

하지만 식물 헌터들의 적은 경쟁자뿐만이 아니었다. 야생동물이나 독사, 열대병, 홍수, 원주민… 그리고 마지막에는 목숨을 걸고 채취한 난을 가지고 돌아오던 중 강도를 만나 죽는 경우도 있었다.

그렇게까지 해서라도 가지고 싶었던 동경의 대상이 바로 난이었다. 그런데 그 향이 감도는 홍차라니! 기문홍차는 당시 대인기를 끌었던 애프터눈 티에 화려함을 더하는 고귀함의 극치였다.

여전히 기문홍차는 전문가들이 선호하는 홍차로 대단히 인기가 있다. 영국에서는 엘리자베스 2세가 즐겨 마신 홍차로 유명하다. 그녀의 생일에는 로열패밀리가 모여 특별한 기문홍차를 우려서 축하를 했다고 한다.

극상의 기문홍차

중국에서는 기문의 품질을 약 10가지 종류로 분류하는데, 시장에는 절대로 나오지 않는 등급도 있다고 한다. 중국 정부가 국빈을 대접할 때는 전용 차밭에서 찬찬히 손으로 만든 최고 등급의 특공차(特貢茶)를 내놓는다.

인도양의 진주 실론섬의 풍미 가득한 우바

세계 3대 홍차

3

세계 3대 홍차 중 마지막은 실론의 우바다. 실론은 스리랑카의 옛 이름이며, 실론티는 오늘날의 스리랑카에서 생산되는 홍차를 말한다. 스리랑카는 1946년 영국에서 독립한 후 1972년에 국명을 변경했는데, 홍차 세계에서는 실론티 브랜드가 전 세계에 정착되어 있어서 실론이라는 호칭이 아직 남아 있다.

'인도양의 진주'라 불리는 스리랑카는 인도의 남동쪽 끝에 자리한 작은 섬나라로, 아름다운 바다와 수많은 세계유산을 보유하고 있다. 스리랑카는 19세기 중반까지 세계 유수의 커피 산지였는데, 1860년대에 맹위를 떨치던 녹병으로 인해 커피 농장이 궤멸 상태에 빠졌다. 녹병은 잎이 말라서 떨어지는 병으로, 커피 재배에 가장 큰 피해를 입히는 병충해다.

그곳에 영국 자본이 참여해, 인도에 이은 제2의 차 산지로 대규모 플랜테이션 경영을 시작했다. 일 년 내내 수확이 가능한 축복받은 기상 조건 아래서, 차산업은 불과 20년 만에 스리랑카를 지탱하는 일대 산업으로 발전했다. 1891년에는 우바가 런던 차 경매에서 사상 최고가를 기록하며 그 이름을 세계에 알렸다.

실론티는 깔끔하며 균형 잡힌 풍미가 특징이다. 해발에 따라 등급은 고지산(High Grown Tea), 중지산(Medium Grown Tea), 저지산(Low Grown Tea)으로 분류한다. 고지대로 올라갈수록 섬세하고 향기가 좋으며 밝은 오렌지빛 수색을 띠고, 저지대로 내려갈수록 향은 마일드해지고 수색은 붉은빛이 도는 경향을 보인다.

고지산 홍차의 대표선수 격인 우바의 특징은 뭐니 뭐니 해도 자극적인 멘톨향이다. 퀄리티 시즌에 해당하는 7~9월의 건기에 최적의 일교차와 습도가 2~3주 동안 지속되면 살리실산메틸계의 향기를 갖게 된다. 차를 찻잔에 따르면 골든 링이라 부르는 황금색 띠가 떠오르고, 입에 머금으면 찌릿한 상쾌함이 도는 떫은맛이 느껴진다. 그야말로 오감으로 즐기는 어른의 홍차다.

개성이 살아 있는 우바는 호불호가 확실히 갈리며, 특징을 최대한 살린 우바는 경매에서 어마어마하게 높은 가격에 거래된다. 다르질링과 마찬가지로 다원의 테루아르 이외에 인적인 요인, 즉 제다 기술도 우바를 만드는 데 중요한 요인이다.

현재 스리랑카에서는 국가 차원에서 지속가능한 농업을 추진해, 친환경적이며 화학비료에 의존하지 않는 유기농법으로 전환하고 있다.

3대 홍차 외에도
전 세계에서 사랑받고 있는
홍차는 많아.

그레이 백작이 즐겨 마신 신사의 차 얼그레이

홍차를 잘 모르는 사람도 얼그레이라는 이름은 들어본 적 있을 것이다. 얼그레이의 얼(Earl)은 백작이라는 뜻으로, 얼그레이는 그레이 백작이라는 실제 인물의 이름이 붙어 전 세계로 퍼진 특별한 차다. 또한 얼그레이는 세계에서 가장 유명한 가향티로, 찻잎에 착향된 상큼한 베르가모트[*] 향이 일품이다.

얼그레이라는 이름에서 얼마나 영국스러운 홍차일까 생각했겠지만, 놀랍게도 그 뿌리는 중국에 있다. 그뿐 아니라 얼그레이의 탄생 뒤에는

[*] 이탈리아의 시칠리아섬이 원산지인 감귤계 과일로, 레몬과 자몽을 합친 듯한 상큼한 향을 가지고 있다.

드라마틱한 일화가 숨어 있다.

얼그레이를 세상에 알린 그레이 백작은 1830년대에 활약했던 휘그당(영국 최초의 근대적 정당—옮긴이)의 찰스 그레이 총리다. 19세기, 그레이 백작의 지휘 아래 중국에 파견되었던 외교사절단 중 한 사람이 현지에서 위기에 처한 중국인 관리의 목숨을 구하면서 그 보답으로 항아리를 받았다. 항아리를 열어보니 그 안에는 동양의 신비로운 향을 지닌 차가 들어 있었다. 영국으로 돌아온 그는 차를 좋아하는 그레이 백작에게 그 차를 선물했는데, 이국적인 풍미가 백작의 마음을 사로잡았다.

진귀한 중국의 차 맛을 잊을 수 없었던 백작은 외교 루트를 통해 그 차의 제다법을 물어보았다. 그리고 그 찻잎은 용안이라는 과일의 향을 기문차에 입힌 '중국의 고전적인 착향차'라는 것을 알게 되었다.

백작은 즉시 차 상인 찰스톤에게 똑같은 차를 만들 것을 명령했다. 하지만 아무리 찾아도 용안을 구할 수가 없었다. 결국 찰스톤은 향이 비슷한 베르가모트의 껍질로 착향을 해서 백작의 사저인 휘그홀에 흐르는 물

찰스 그레이(1764~1845)의 모습.

과 블렌딩을 했다. 이렇게 탄생한 차는 '그레이 백작이 사랑한 홍차' 라고 해서 얼그레이라는 이름이 붙게 되었다.

한편, 얼그레이에 대해 잭슨과 트와이닝이 서로 원조라고 주장을 하고 있지만, 진상 규명은 계속 오리무중 상태다. 어쨌든 상표등록과 같은 보호조치는 이루어지지 않았고, 여러 브랜드에서 그레이 백작의 이름을 붙인 홍차를 만들었다. 지금도 얼그레이는 전 세계에서 열렬한 러브콜을 받고 있다.

그레이 백작이 사랑한 얼그레이는 영국에서 '신사의 차'라고도 불린다. 상큼한 향이 머리를 개운하게 만들어 피로감을 없애, 직장에서 브레이크타임에 마시기에 최적인 차다.

20세기 홍차 대혁명
티백의 탄생

홍차의 세계에 대혁명과도 같은 충격을 가한 사건은 바로 20세기에 탄생한 '티백'이었다. 티백은 어느 차 상인의 번뜩이는 발상에서 우연히 시작되었다.

1904년, 미국 뉴욕에서 홍차 도매상을 하던 토머스 설리번(Thomas Sullivan)은 찻잎 샘플을 호텔이나 레스토랑에 나눠주는 일을 담당하고 있었다. 당시에는 샘플차를 주로 작은 양철 캔에 넣어서 다녔는데, 설리번은 경비 절감을 위해 작은 비단 주머니에 넣어보자는 아이디어를 냈다. 그런데 어느 날, 거래처 고객이 실수로 설리번이 건넨 비단 주머니를 그대로 티 포트 안에 넣어 홍차를 우리기 시작했다.

이를 본 설리번은 '이 아이디어를 응용하면 차 찌꺼기를 처리할 필요 없이 손쉽게 차를 만들 수 있겠다!'고 생각했고, 이를 상품화해 히트를 쳤다. 사실 미국에서는 그보다 더 전에 티백의 원형이 될 만한 특허 신청이 몇 건 있었는데, 상품화에는 이르지 못했다. 설리번의 티백은 고객의 행동에서 잠재적인 니즈를 발굴해 마케팅으로 연결한 성공 사례다.

이렇게 해서 티백이라는 새로운 시장의 길이 열렸다. 사용하기 편리한 티백에 대한 니즈는 꾸준히 증가해 업무용뿐 아니라 가정용으로까지 널리 확대되었다. 티백이 미국 전역에 급속히 보급되자 여러 브랜드가 시장에 참여하기 시작했다. 실용성과 경비 절감이라는 차원에서 찻잎을 싸는 소재는 실크에서 거즈 그리고 여과지로 진화했으며, 형태도 둥근 모양, 삼각형, 사각형, 입구를 끈으로 묶은 모양 등 추출하기 쉽고 사용하기 편한 모양으로 시행착오를 거듭했다.

마침내 1920년대에 들어서면서 티백 포장기가 개발되어 티백은 전 세계로 보급되기 시작했다. 하지만 보수적인 영국인들은 티백이 그릇된 방식이라며 거들떠보지도 않았다.

영국에 티백이 보급되기 시작한 것은 2차 세계대전 이후의 일이다. 1950년대부터 합리적인 가사활동을 주장하는 주부들 사이에서 퍼져나가면서, 티백은 현재 영국 홍차 소비량의 95퍼센트를 차지할 정도로 대중화되었다.

Break Time

티백의 진화

티백에도 나라별 특성이 있다. 일본은 끈이 달린 W형 티백을 선호하는 반면, 영국에서는 끈이 없이 둥글거나 사각형의 심플한 티백이 주류를 이룬다.

한편 티백도 진화를 거듭하고 있다. 현재는 일본의 한 기업이 개발한 메시 소재의 테트라형 티백이 인기를 끌고 있다. 이는 '종이나 스테이플러 심의 알루미늄이 풍미를 손상한다'거나 '공간이 협소해 찻잎이 충분히 우려지지 않는다'는 기존의 티백이 가지고 있던 문제점을 보완한 것이다. 이를 통해 잎차에 가까운 본연의 맛을 이끌어내고 있다.

이제 일류 호텔의 애프터눈 티에서 티백이 당당하게 등장할 정도로, 티백의 맛은 그저 그렇다는 이미지는 옛날얘기가 되었다. 어쩌면 티백을 통해 차원이 다른 홍차를 만날 수도 있다.

미국에서 탄생한 우연의 산물 아이스티

티백의 탄생과 비슷한 시기에, 홍차 역사를 움직일 만한 또 하나의 뉴페이스 '아이스티'가 등장한다. 기원전에 탄생한 차는 20세기를 맞이할 때까지 따뜻하게 마시는 것이 세계 공통의 스타일이었다.

1904년, 이 같은 핫 티의 개념을 뒤집는 사건이 미국 미주리주에서 개최된 세인트루이스 만국박람회에서 일어났다. 영국인 홍차 상인인 리처드 블레친든(Richard Blechynden)은 인도 홍차의 세일즈를 위해 만국박람회에 참가했다. 물론 그가 준비했던 시음차는 핫 티였다. 그런데 영국의 여름과 달리, 매일 폭염이 이어지는 미국에서는 아무도 핫 티에 관심을 보이지 않았다. 실망한 블레친든은 한 가지 아이디어를 떠올렸고, 즉시 행동에 옮겼다. 홍차 안에 얼음을 넣어 "아이스드 티!(ICED TEA!)"라고 외쳐본 것이다. 그러자 더위에 갈증을 느낀 사람들이 몰려들면서 순식간에 대성황을 이루었다. 이렇게 우연의 산물로 탄생한 아이스티는 곧바로 미국 전역으로 퍼져 나갔다. 금주법이 시행되던 시대(1930~1933년)에는 식사 때 술 대신에 마시는 음료로 보급되기도 했다. 미국에서 소비되는 홍차의 80퍼센트가 아이스티라고 할 정도로 아이스티는 국민 음료로 자리매김했다.

세인트루이스 만국박람회 포스터.

한편, 전통을 중시하는 영국에서는 오랫동안 아이스티가 그릇된 방법이라는 인식이 있었지만, 젊은이들을 중심으로 거부감이 줄어들고 있다. 같은 미국 태생의 티백도 처음에는 영국에서 받아들여지지 않았지만, 오늘날에는 영국인들의 생활에 없어서는 안 되는 생필품이 되었다. 대중의 심리가 변하면 시장이 움직인다는 사실이 다시금 증명될 날도 머지않은 것 같다.

페어링에 안성맞춤 심비노 자바티의 부활

식사와 함께하는 자바티의 시작

일본인이라면 누구나 한번은 마셔봤을 심비노 자바티 스트레이트(Sinvino Java Tea Straight, Sinvino를 일본어로 발음하면 심비노에 가깝다—편집자). 이게 과연 무슨 차일까?

흔히 대용차라고 생각하기 쉬운데, 자바티는 100퍼센트 찻잎을 사용한 홍차다.

자바티는 일본의 버블경제기인 1989년에 탄생했다. 오츠카홀딩스의 초대 회장으로, 일본의 국민 음식 '본 카레(일본 오츠카식품이 발매한 레토르트 카레의 상품명—옮긴이)'를 만들기도 한 오츠카 아키히코(大塚明彦)가 미국에서 했던 경험을 바탕으로 자바티를 개발했다.

어느 날, 오츠카는 미국에서 열린 한 연구소 파티에 참석했다. 술을 마시지 않는 자리의 특성상 프랑스 요리에는 와인이 아닌 아이스티가 페어링되어 나왔다. 오츠카는 '요리에 홍차를?'이란 생각에 순간 당혹스러웠지만, 함께 먹었던 식사와 절묘하게 어울려서 충격을 받았다.

그러한 경험을 한 뒤 일본에 돌아와 식사 중에 함께 마실 음료로 개발한 것이 바로 자바티였다. 당시에는 페트병 홍차 하면 '설탕을 듬뿍 넣은 단맛이 나는 홍차'가 주류였는데, 자바티는 '무가당, 무향료, 무착색'이라는 획기적인 전략으로 도전장을 내밀었다.

자바티를 시장에 내놓을 때 지킨 철칙은 찻잎의 품질이었다. 그래서 전 세계에 존재하는 찻잎을 엄선한 끝에 인도네시아 자바섬에서 생산되는 자바티를 선택했다.

사실, 인도네시아는 세계 7위의 홍차 생산지다. 그만큼 긴 홍차 역사를 가진 나라기도 하다. 인도네시아가 네덜란드의 식민지였던 17세기, 네덜란드인이 인도네시아에 중국 차나무를 심은 것에서부터 인도네시아의 홍차 역사는 시작한다.

본격적으로 생산을 개시한 것은 1879년이었다. 스리랑카산 아삼종을 이용해 대규모 플랜테이션 재배를 시작한 후, 20세기 초에는 인도와 스리랑카에 이어 제3의 수출량을 자랑하는 홍차 생산국이 되었다. 2차 세계대전으로 일본이 인도네시아를 통치하던 시기에 일본의 면 재배

강요와 네덜란드와의 독립 전쟁에 따른 혼란으로 한때 홍차 재배는 쇠퇴를 맞았다. 하지만 독립 후 인도네시아는 차 생산량을 서서히 회복해 나갔다.

자바티가
롱셀러 상품이 된 이유

자바티는 선명하고 밝은 수색과 거슬리지 않는 깔끔한 뒷맛을 지닌 '식사용 음료의 개척자'다. 발매 당시부터 일본인들의 기호에 제대로 맞아떨어지기도 했지만, 광고효과까지 얻으면서 매출이 점점 늘어났다.

자바티가 발매 이후 30년 이상 롱셀러 상품이 된 데는 나름의 이유가 있다.

소비자의 라이프스타일과 니즈는 항상 변화하기 마련이다. 기업은 상품의 브랜드와 품질을 유지하면서 시대의 흐름에 맞는 대응을 해야 한다. 자바티도 매번 '변하는 것'과 '변하지 않는 것'을 판별해 쇄신하기 위해 노력해왔다.

2011년에는 와인처럼 요리와 페어링을 한다는 목표로 기본 레드에 이어 화이트 제품도 내놓았다. 술을 못 마시는 사람을 위해 레스토랑이나 호텔에서 열리는 파티에서도 서빙될 수 있도록 세련된 병에 담긴 자바티도 출시했다.

원래 심비노(Sinvino)라는 말은 스페인어로 '와인을 빼다'라는 뜻의 조어다(스페인어로 Vino는 '와인'을, Sin은 '~을 뺀'이라는 뜻이다). 논알코올 타입의 식사용 음료라는 콘셉트를 지닌 심비노 자바티는 몇 년 전부터 일본에서 인기를 끌고 있는 보틀 티(Bottled Tea)의 선구자라 할 수 있다.

최근에는 트렌드에 민감한 사람들이 세련된 베이커리나 고급 스파에서 점심을 먹을 때 곁들이는 용도로 자바티 화이트를 많이 선택하면서 인기가 부활할 조짐을 보이고 있다. 자바티 한잔을 마시면서 오랜 세월 동안 사랑을 받아온 비결을 직접 느껴보는 것도 좋을 것 같다.

어느 정도 홍차에 대해 알게 되었을 거야.
여기서 소개한 차에 대한 지식은 극히 일부에 지나지 않아.
그러니, 차의 산지나 제품에 대해
더 식견을 높이도록 스스로 노력해봐.

와인 같은 풍미의 비밀은 폴리페놀의 양에 있다!
레드와인 한 잔(100㎖)에 들어 있는 폴리페놀의 양은 280mg이다. 자바티 레드는 500㎖당 300mg, 자바티 화이트는 500㎖당 250mg의 폴리페놀이 들어 있다.

일등석 탑승객이 즐겨 마시는 보틀 티

'하늘을 나는 애프터눈 티'는 술을 마시지 않는 고객에게도 요리와 어울리는 최고의 페어링을 제공하겠다는 생각에서 시작된 기내 서비스다.

JAL에서는 일등석 승객들에 한해 로열 블루 티(Royal Blue Tea)를 제공한다. 외양, 서비스, 마시는 법까지 마치 와인과 같으며, 고급 차는 한 병에 약 60만 엔(한화로 약 527만 원—옮긴이)이나 할 정도로 고가다. 로열 블루 티는 2016년에 열린 이세시마 G7 정상회의에서도 제공되어 그 이름을 알렸다.

ANA에서는 기간 한정으로 보틀 티를 제공했다. ANA는 미쓰이농림 주식회사의 콜드브루 티(Cold Brew Tea)를 제공했는데, 콜드브루 티는 시즈오카의 이름 있는 다원에서 생산한 찻잎을 저온에서 추출해 보틀링한 일본 홍차다. 향이 좋고 과일 맛이 나는 홍차는 일식이나 화과자와도 잘 어울린다.

두 보틀 티는 품질은 물론, 포장에도 신경을 써서 일본에서 화제를 불러일으켰다.

Column

세계시장 탈환에 도전하는 일본 홍차

일본에서 홍차를 생산하기 시작한 것은 약 150년 전, 메이지 시대의 일이다. 개항 후, 유신 정부는 세계시장을 겨냥한 수출산업의 육성이 국가의 급선무라고 생각했다. 그래서 주목한 것이 차였다.

일본이 쇄국 상태에 있던 200년이 넘는 세월 동안, 차의 트렌드는 녹차에서 홍차로 옮겨가고 있었다. 홍차를 만들면 외화를 벌 수 있겠다고 생각한 정부는 1874년 무렵부터 국책으로 홍차산업 진흥에 나섰다. 일본 각지에 홍차전습소를 열어 중국에서 차 제조가를 초빙하거나, 인도에 일본인을 파견해 기술을 배워 오게 했다.

국가 차원에서 만국박람회에 출전을 시도해보기도 했지만, 급히 서두른 탓에 결과적으로는 실패로 끝나고 말았다. 실패 원인 중 하나는 마케팅 부족이었다.

당시 세계 각국의 차 스타일과 기호는 쇄국 전과는 크게 달라져 있었다. 나라마다 차 문화를 육성하는 분위기가 존재했고, 소비자가 요구하는 상품도 시시각각 달라지고 있었다. 그런데 세계 최초의 글로벌 회사라 할 수 있는 동인도회사가 좌지우지하던 홍차 시장에, 그것도 200년 이상 해외와 교류 없이 지내서 정보가 빈약했던 일본이 뛰어들었던 것이다.

수출국의 수요와 동향, 비즈니스 환경, 비즈니스 습관 등의 시장조사가 충분히 이뤄지지 않은 채 생산자의 시선에서 상품을 만들었으니 경쟁이 되지 않는 것이 당연했다. 하물며 당시 일본에는 홍차를 마시는 문화도 없었다. 이러한 상황에서 지구 반대편에 있는 '외국인들을 위한 홍차를 제조하라!'는 주문은 애초부터 성공할 수 없는 미션이었다.

21세기에 들어서면서 우여곡절 끝에 일본산 홍차를 부활시키자는 움직임이 나타났다. 메이지 시대에 전습소가 있던 지역의 차 농가가 나서서 일본의 토양에 맞도록 품종을 개량하고, 독창성이 담긴 홍차를 재배하고 있다.

일본 홍차(화홍차)의 설욕전, 과연 21세기 홍차업계에 바람을 일으킬 수 있을까.

1875년, 일본 정부는 구마모토현 야마가시에 일본 최초의 홍차전습소를 설치했다. 2003년, 현지의 생산자 '후지모토 제다(藤本製茶)'의 3대손인 후지모토 구니오(藤本邦夫)는 5년간의 연구 끝에 야마가 훗코쿠 홍차(山鹿 復刻紅茶)를 복각(원본 그대로 다시 만드는 것─옮긴이)해냈다. 100여 년의 세월을 뛰어넘어 환상적인 홍차가 재탄생한 것이다.

Chapter 6

이렇게나 맛있는 홍차

상황별로 제안하는 차 스타일

졸음을 날려버리자 아침에 마시는 차

Type 1

"아침에 차를 마시면 복이 생긴다."

"아침 차는 7리를 되돌아와서라도 마셔라(아침에 마시는 차는 재난을 막아주므로 깜박하고 차를 마시지 않고 길을 나섰다면, 7리를 되돌아와서라도 반드시 마셔야 한다는 일본의 속담—옮긴이)."

일본에서는 아침에 마시는 한잔의 차가 재난을 막고 행운을 불러온다고 알려져 있다. 과학적으로도 그렇다. 아침에 마시는 한잔의 차는 뇌를 자극하고 신진대사를 촉진해 몸과 마음에 긍정적인 효과를 일으킨다.

전 세계의 비즈니스 리더들이 실천하고 있는 아침 의식 중, 특히 주목받고 있는 것이 아침에 차를 마시는 습관이다. 일본의 아침 차나 영국의 모닝 티는 말하자면 '의욕 스위치'다. 눈을 뜨자마자 마시는 차 한잔은 오프(OFF)에서 온(ON)으로 모드를 전환하는 역할을 하는데, 두뇌를 움직이게 해 집중력을 높인다는 사실은 과학적으로도 입증되었다. 이렇듯 아침에 차를 마시는 습관을 들이면 하루의 질이 크게 바뀐다.

인간의 뇌가 가장 명료하고 효율적으로 움직이는 때는 아침에 일어난 직후부터 3시간 동안이다. 뇌는 깨어 있는 동안 풀가동해 의식적이든 무의식적이든 오감을 통해 다양한 정보를 입력한다. 그러한 정보는 대뇌변연계에 있는 해마에 집약되어 단기기억으로 일시적으로 보관된다. 그리고 수면 중에 대뇌피질에서 필요한 정보를 정착시킨다. 기상 시의 뇌는 이 같은 작업을 마치고 리셋된 상태다. 즉, 아침은 새로운 기억을 입력하거나 창조적인 작업을 하기에 최적의 시간이다.

집중력이 높아지는 골든타임은 '아침 식사 후 30분간'이다. 이 시간대에 집중력이 최고조에 이를 수 있도록 아침 차를 마시는 것이 효과적이다. 아침에 차를 마시면 카페인과 테아닌이 상승한다. 각성작용을 촉진하는 카페인과 심신을 이완해 뇌 기능의 저하를 억제하는 테아닌을 동시에 섭취함으로써 집중력과 기억력이 향상되어 아침에 하는 작업을 더 효율적으로 수행할 수 있다. 최근에는 차에 함유된 카테킨이 면역력을 향상해 항바이러스효과를 기대할 수 있다는 실험 결과가 발표되기도 했다. 특히 겨울철과 같이 감염증이 유행하는 시기에는 차로 입을 헹구는 것만으로도 효과가 있다. 그러므로 아침에 잠에서 깨거나, 사람이 많은 대중교통을 이용한 다음에는 적극적으로 아침 차를 마셔보자.

Break Time

팔방미인, 테아닌

테아닌은 1950년 교토부립다업연구소가 발견했다. 테아닌은 아미노산의 일종으로, 일본에서는 차나무 외에 갈색그물버섯에서만 발견된 성분이다.

한 실험을 통해, 테아닌을 섭취하면 뇌 안의 도파민과 알파파가 증가해 스트레스에 대한 자율신경계의 반응을 억제하고, 졸음을 유발하지 않아 '이완 효과'가 생긴다는 사실이 입증되었다. 뿐만 아니라 테아닌은 노화 방지나 치매 예방, 집중력 향상에도 효과가 있는 것으로 알려져 있다.

테아닌 성분은 모든 찻잎에 들어 있다. 홍차, 녹차, 우롱차 중에서는 녹차에 가장 많이 들어 있으며, 햇빛을 받으면 카테킨으로 변화하는 성질이 있다. 따라서 차밭에 차광막을 설치해 빛을 차단하는 말차나 교쿠로에 특히 테아닌이 많이 들어 있다.

단, 테아닌의 추출 정도는 온도에 따라서도 달라지며, 온도가 높을수록 성분이 많이 우러난다. 그러므로 저온에서 우리는 교쿠로보다는 고온에서 우리는 홍차 한 잔에 테아닌의 양이 더 많은 경우도 있다.

Making Tea

아침 차로 추천

테트라형 티백으로 홍차 우리기

Level 1

바쁜 아침 시간에는 간편함이 매력적인 티백을 이용해보자. 티포트로 우리면 잎차와 다름없는 풍미를 끌어낼 수 있다.

① 티포트에 티백을 넣고 뜨거운 물을 붓는다.

② 뚜껑을 덮고 우려낸다.

③ 찻잔에 따른다.

뜨거운 물의 양과 우려내는 시간은
찻잎에 따라 천차만별!
설명서를 꼼꼼하게 읽어야 해.

다선일미와 마음챙김

마음을 가다듬고 싶을 때

Type 2

사람의 몸과 마음은 쉴 새 없이 풀가동되고 있다. 지금처럼 인터넷 사회가 되기 전에는 사무실을 나서서 집으로 돌아가면 누구의 방해도 받지 않고 자기만의 시간을 보낼 수 있었다. 스마트폰의 보급과 더불어 편리성은 높아졌지만, 24시간 연락이 가능해지면서 온과 오프를 구별하기가 어려워지는 폐해도 생겨났다. 집에서 쉬는 시간임에도 스마트폰으로 오는 업무 관련 메시지에 자기도 모르게 답장을 하는 사람들도 많다. 자기 자신보다 다른 사람의 페이스를 우선하다 보면 내 마음의 소리를 듣기가 어렵다. 그리고 이런 상태가 쌓이다 보면 어느새 커다란 스트레스를 안고 살게 된다.

이 같은 흐름에서 주목받고 있는 개념이 '마음챙김'이다. 마음챙김은 명상의 일종으로 마음의 운동이라 할 수 있다. 스티브 잡스도 마음챙김을 실천했으며, 구글이나 애플, 골드만삭스를 비롯한 실리콘밸리의 일류 기업들도 업무 효율화 프로그램으로 마음챙김을 도입하고 있다.

관심은 있지만 마음챙김이 어떤 것인지 잘 모르겠다면 '차 명상'에서부터 시작해보자. 다선일미(茶禪一味)라는 말이 있듯이 차와 선(禪)은 본질적으로 한 몸과 같은 관계에 있다. 차를 우린다는 행위 자체가 바로 '지금, 이 순간'에 집중하는 것을 의미한다. 오감인 시각, 촉각, 미각, 후각, 청각을 모두 활용해 자기 자신과 마주하는 시간은 마음과 머릿속의 먼지를 털어내고 여유를 가져다준다. 주전자에 물을 붓는 소리, 티 포트 안에서 점핑하면서 천천히 춤추는 찻잎의 아름다움, 티 포트에서 피어오르는 맑게 갠 듯한 신록의 향기… 이처럼 막힘없는 순간이 이어지면서 마음이 누그러지는 것을 느낄 수 있다.

다선일미의 정신에서 보면, 이상적인 차 명상은 다실에서 말차를 격불(차선으로 저어 거품을 만들어내는 과정)하는 것이다. 다다미 위에 정좌하고 흐르듯이 차선을 움직임으로써 눈앞의 사물에 집중할 수 있으며, 테아닌이 듬뿍 들어 있는 찻잎 그 자체를 마실 수 있어서 마음챙김에 최적이다. 하지만 말차나 차선을 준비하는 일은 문턱이 높게 느껴질 수도 있다. 그래서 부담 없이 시작할 수 있는 티 포트를 이용한 차 명상을 소개한다.

하루에 3분! 오롯이 자신을 위해
한잔의 차를 우리며, 몸과 마음의 해방을 느끼는
마음챙김을 실천해보자!

몸과 마음의 먼지 털기

잎차를 우리면서 3분간 차 명상

~ Tea Meditation ~

Level 2

조용한 분위기 속에서 티 포트에 잎차를 넣고, 찻잎을 우리는 3분 동안 자신의 마음과 마주한다.

〈오감으로 즐기는 잎차 기본 레시피〉

잎차 3g, 뜨거운 물 180mℓ

① 티 포트에 잎차를 넣고 뜨거운 물을 붓는다.

② 뚜껑을 닫고 깊게 심호흡을 한 다음, 모래시계를 이용해 3분 동안 찻잎이 점핑하는 모습을 바라본다.

③ 찻잎을 여과해 티컵에 따르고, 향, 수색, 맛을 오감으로 즐긴다.

머리를 맑고 또렷하게 집중력이 흐트러졌을 때

Type 3

미국 IT기업의 거점이자 유능한 사업가들이 모이는 실리콘밸리에서 최근 큰 인기를 끌고 있는 음료는 차다. 구글과 트위터의 사무실에는 무료 드링크 바가 설치되어 있는데, 티 브레이크 때 마시는 한잔의 무가당 차가 주목을 받고 있다.

미국인들은 오래전부터 설탕을 듬뿍 넣은 아이스티를 즐겨왔지만, 실리콘밸리 사람들이 그런 기호를 변화시키고 있다. 실리콘밸리에서는 기분 전환이나 동기부여로 이어지는 컨디셔닝 음료로 녹차를 즐겨 마신다.

업무 중에 피로를 느끼는 것은 몸보다는 뇌의 피로에 따른 것이 크다. 뇌 안에서 이성을 관장하는 대뇌신피질이 풀가동되는 상태가 지속되면,

뇌도 피로를 느끼고 기능부전에 빠져 업무 효율이 떨어진다.

이러한 뇌의 피로에 효과를 발휘하는 것이 '차 카테킨'이다. 카테킨은 차에 함유된 쓴맛과 떫은맛 성분으로, 1929년 이화학연구소의 츠지무라 박사팀은 에피카테킨(EC), 에피갈로카테킨(EGC), 에피카테킨 갈레이트(ECG), 에피갈로카테킨 갈레이트(EGCG)의 모양이 다른 네 종류의 카테인 성분을 발견했다.

차 카테킨에는 인간의 몸을 녹슬게 하는 악성 활성산소를 제거하는 항산화 능력이 있어서 뇌 신경세포를 보호하고 뇌 기능의 저하를 억제하는 작용도 기대할 수 있다.

인간의 집중력은 90분이 한계다. 집중력이 떨어졌거나 작업 효율이 저하되었다는 뇌의 신호가 느껴진다면, 티 브레이크 시간을 가져보라. 한편, 카테킨은 90°C 이상의 고온에서 우렸을 때 성분이 잘 우러난다. 90분에 한 잔씩, 90°C 이상에서 우려낸 차를 마셔서 뇌 피로를 풀고 일의 능률도 올려보자.

Making Tea

능률 회복에 추천

90분에 한 잔씩! 가뿐하게 티백으로 홍차 우리기

Level 1

간단한 팁만 알아두면 티백으로도 맛있는 홍차를 맛볼 수 있다.

① 티포트에 뜨거운 물을 부은 다음 티백을 넣는다.

② 뚜껑을 덮고 우려낸다.

③ 티백을 꺼낸다.

'뚜껑을 덮고 우려낸다'
바로 여기가 포인트야.

스트레스여, 굿바이!
치유가 필요할 때

Type 4

열심히 일한 자신에게 주는 셀프 선물! 주말 아침 정도는 좋아하는 홍차를 베드 트레이에 담아 기분이 이끌리는 대로 즐기는 '치유의 티타임'을 가져보자.

치유의 티타임을 할 때는 마음이 끌리는 대로 홍차를 선택한다. 홍차 향에는 스트레스를 경감하는 효과가 있다. 후각을 통해 얻은 향에 대한 정보는 뇌 안에서 본능을 관장하는 대뇌변연계로 전달되어 흐트러진 균형을 바로잡고 뇌의 쾌락 물질인 알파파를 이끌어낸다. 향으로 얻는 효과 외에도 차를 마시면 테아닌 성분으로 인한 진정효과를 얻을 수 있어서 감정을 다스리는 데 도움이 된다.

한편, 홍차의 향에는 크게 두 종류가 있다. 첫째, 찻잎이 본래 가지고 있는 향기인 자연의 향(아로마)이다. 지금까지 밝혀진 향기 성분은 500가지가 넘는다. 꽃 같은 향이 나는 게라니올 성분, 어린잎 같은 향이 나는 헥센올 성분이 있으며, 다소 진귀한 것으로 자극적인 살로메틸 냄새를 방출하는 살리실산메틸 성분도 있다.

둘째, 인공적인 향이다. 인공적으로 향을 입힌 차를 가향티(Flavored Tea)라고 한다. 착향차의 시조는 중국이다. 오래되어 향이 약해진 찻잎을 어떻게든 고가에 팔고 싶었던 중국인들은 찻잎이 주변의 향을 쉽게 흡수한다는 특성을 살려 꽃이나 과실, 향신료 등과 함께 보관해서 향을 옮기는 제법을 고안해냈다. 이 착향법으로 만든 차를 센티드 티(Scented Tea)라 하며, 대표적으로 재스민차가 있다.

향에 대한 기호는 나라에 따라 그리고 사람에 따라 호불호가 확실히 갈린다. 영국인들은 홍차의 자연스러운 향인 아로마를 선호하며, 프랑스인들은 인공적인 향을 선호하는 경향이 있다. 자연의 아로마와 인공적인 향은 전혀 다르다. 만약 로즈티를 마신다고 할 때, 인공적인 향을 좋아하지 않는 사람이라면 찻잎에 말린 꽃잎을 블렌딩한 것을 선택하면 좋다. 또한 홍차에 장미 식용화를 띄워 오리지널 블렌드를 만들 수도 있다.

기분 좋은 홍차의 향기와 함께 치유의 티타임을 즐겨보자.

향기의 예술, 가향티의 세계

20세기, 유럽에서 찻잎에 직접 향료를 입히는 분무식 제다법이 탄생했다. 전쟁이나 불황으로 인해 양질의 찻잎을 들여오기가 힘들었고, 유럽에는 경수를 사용하는 지역이 많아 찻잎 본연의 섬세한 향을 추출하기가 어려웠기 때문이다. 인공적으로 향을 입히는 가향티가 창안되면서 각양각색의 홍차가 등장했다.

치유의 차로 추천

허브티 우리기

Level 2

그날의 기분과 컨디션에 따라 마음에 드는 찻잎에 허브를 한 꼬집 넣어서 특제 오리지널 가향티를 즐겨보자.

〈기본 레시피〉

찻잎 3g, 뜨거운 물 180㎖

① 티 포트에 찻잎과 함께 좋아하는 말린 허브를 한 꼬집 넣고 뜨거운 물을 붓는다.

② 뚜껑을 덮고 우려낸다.

③ 찻잎을 여과해 찻잔에 따른 뒤 향, 수색, 맛을 오감으로 즐긴다.

허브는 로즈, 캐모마일,
엘더플라워, 블루멜로우를 추천해.

Break Time

영국인들이 즐겨 마시는 정로환 향 홍차

영국의 호텔에서 애프터눈 티를 즐기다 보면 어딘가에서 정로환 냄새가 감돈다. 그 정체는 바로 '랍상소우총'이다. 랍상소우총은 세계유산에도 등록된, 산수화처럼 아름다운 우이산에 위치한 동목촌에서 예로부터 전해오는 고전적인 제법으로 만들어진다. 랍상소우총은 소나무로 그슬린 독특한 훈연향이 나는데, 이는 정로환 냄새와 똑같다.

정로환을 모르는 사람들은 이 향이 '스카치위스키' 향과 같다고 표현한다. 역시나 몰트위스키도 원료인 맥아를 건조할 때도 이탄으로 그슬리기 때문에 독특한 훈연향이 난다.

이 강렬한 인상을 가진 홍차가 영국에서 대히트를 친 것은 빅토리아 시대 후기의 일이다. 랍상소우총은 상류층 사이에서 이국적인 향으로 극찬을 받으면서 현재까지도 애프터눈 티의 고정 메뉴로 활약하고 있다.

랍상소우총을 마셔보면 영국의 신사 숙녀들이 이를 즐겨 마셨던 이유를 납득할 수 있다. 랍상소우총을 치즈나 고기 요리와 페어링하면, 신기하게도 입안에서 상큼한 조합이 춤을 추는 듯하다.

또 한 가지, 물의 경도(硬度)도 향과 관계가 있다. 영국의 경수로 우리면 향이 부드러워져 일본에서 마시는 랍상소우총에 비해 상당히 가볍고 담백한 맛이 난다.

홍차 폴리페놀의 힘
감염병을 예방할 때

Type 5

인류의 역사가 시작된 이래 감염병과의 싸움은 오랫동안 반복되어 왔다. 기원전 이집트 미라에서는 천연두 흔적이 확인되었으며, 중세 유럽에서는 '흑사병'이라 부르는 페스트의 대유행으로 인구의 30퍼센트나 되는 사람들이 목숨을 잃었다. 의학이 진보했다고는 하지만, 근대에 들어서도 위험은 계속되었다. 전 세계에서 몇 번이나 팬데믹의 위협과 마주해야 했다. 그리고 21세기 초에는 코로나19가 맹위를 떨쳤다.

한 가지 반가운 소식은 차가 코로나바이러스에 효과가 있다는 사실이다. 교토부립 의과대학과 나라현립 의과대학은 차에 함유된 차 카테킨에 의한 코로나바이러스 비활성화 실험을 인정받아, 감염력 저하 및 예방에 대한 응용연구를 진행하고 있다. 이전부터 차는 인플루엔자바이러스를 예방하는 데 효과가 있다고 알려져 있었지만, 코로나바이러스에도 효과가 있다는 것이 입증되면서 더욱 주목받고 있다.

그렇다면 어떻게 차가 바이러스 예방책이 될 수 있는 걸까?

이를 밝혀내는 열쇠는 앞에서 말한 차 카테킨의 항균작용이다. 감염병은 코나 목의 점막에 바이러스가 달라붙어 세포 안으로 들어가면서 발생한다. 바이러스는 그 표면에 있는 '스파이크 단백질'이라 불리는 돌기를 세포 표면에 흡착하면서 증식하는데, 카테킨에는 스파이크 단백질과 결합해 세포를 감염시키는 능력을 떨어뜨리는 기능이 있다.

카테킨은 녹차에 많이 함유되어 있다는 이미지가 강한데, 홍차, 녹차, 우롱차 등 모든 차의 잎에 들어 있다. 또한 카테킨은 발효가 진행됨에 따라 산화효소의 작용으로 결합해 테아플라빈과 테아루비딘류라고 하는 중합물(重合物)로 변화하는데, 이것이 바로 '홍차 폴리페놀'이다. 폴리페놀은 식물에 함유된 색소와 쓴맛 성분을 총칭하는 말로, '레드와인에 들어 있는 폴리페놀이 건강에 좋다'고 알려지면서 세계적인 붐을 일으켰다. 홍차 폴리페놀은 대단히 강력한 항산화 능력을 갖추고 있어서 바이러스 감염을 저지한다.

홍차 폴리페놀에는 면역기능을 향상하는 효과가 있어서, 감염병이 유행해도 하루에 세 잔 정도 스트레이트 티를 꾸준히 마시면 건강을 유

홍차의 감염병 예방 효과, 과학적으로 증명되다!

오사카 대학, 오사카 부립대학, 미쓰이농림이 공동으로 진행한 연구에서 '홍차 티백 추출액'이 10초 동안 바이러스의 감염력가를 10만분의 1로 감소시킨다는 사실을 발견했다. 이 같은 내용은 2021년에 논문으로 발표되었다.

지할 수 있다.

홍차 폴리페놀을 확실하게 추출하기 위해서는 팔팔 끓인 뜨거운 물을 사용해 우리는 고온 추출법이 효과적이다. 카페인이 없는 홍차에도 바이러스를 무력화하는 효과가 있다고 하니, 카페인 섭취가 신경 쓰이는 어린이나 임산부라면 카페인이 들어 있지 않은 홍차를 선택하자.

홍차 폴리페놀은
완전발효차인 홍차만의 색소야.

입을 헹굴 때는 스트레이트 티로!

홍차를 많이 마시는 영국인이나 인도인들은 폴리페놀의 효과를 많이 볼 것 같다. 하지만 그들이 즐겨 마시는 것은 밀크티다. 홍차에 우유를 넣으면 폴리페놀이 단백질에 흡착되어 바이러스 억제 효과가 떨어진다. 한편, 차로 입을 헹구는 것만으로도 항바이러스 효과가 있다. 작은 것부터 실천하면서 감염병을 이겨내는 몸을 만들어보자.

Making Tea

티백으로 구강청정제용 홍차 만들기

Level 2

'홍차로 입 헹구기'는 인플루엔자의 타입과 상관없이 바이러스의 감염률을 낮추는 효과가 있다.

① 포트에 뜨거운 물 150㎖를 붓고 티백 한 개를 넣는다.
② 뚜껑을 덮고 15분 정도 추출한다.
③ 물로 2~3배 희석한다. 홍차가 식으면 컵으로 옮겨 담아 입에 머금고 약 5초 동안 입을 헹군다.

홍차 구강청정제를 만들 땐
테아플라빈이 많이 함유된 아삼차를 추천해.
한 번 우렸던 찻잎도 OK.

티 테이스팅
맛의 차이가 궁금할 때

Type 6

홍차를 좋아하지만, 맛의 차이는 잘 모를 때가 있다. 이런 사람에게 추천하고 싶은 것이 티 테이스팅이다. 원래 홍차의 세계에서 테이스팅은 찻잎을 심사해서 감정하는 전문가의 일이지만, 남북조 시대에 무사들 사이에서 유행했던 '투차'처럼, 부담 없이 차 감별 체험을 해보면 각 홍차의 차이를 확실히 알 수 있다.

전문가의 티 테이스팅

전문 차 품평사가 되기 위해선 꾸준한 노력과 시간이 필요하다. 매일 약 300종류나 되는 차를 마시며 트레이닝을 거쳐 10년 이상의 실무와 경험을 쌓아야 비로소 전문가라 불릴 수 있다. 그 이후부터는 오직 기술과 감각으로 차를 평가한다. 최고의 자리에 오른 차 품평사는 '티 엑스퍼트(Tea Expert)'라 불리며, 와인의 소믈리에와 마찬가지로 사회적 지위와 명예, 보수를 제공받는다.

전문가의 티 테이스팅을 본 적이 없다면, 유튜브에서 해당 영상을 찾아보길 추천한다. 티 테이스팅 영상을 보면 알 수 있듯이, 티 테이스팅은 와인과는 전혀 다른 독창적인 감정법이다.

티 테이스팅 과정을 간단히 소개하면 다음과 같다. 먼저 나란히 놓여 있는 전용 테이스팅 컵에 3g의 찻잎과 뜨거운 물 100㎖를 넣고 차를 추출한다. 추출한 차의 수색과 향을 심사한 뒤 홍차액을 숟가락으로 떠서 후루룩 소리를 내며 마신 다음 입안에서 굴리고 나서 크게 숨을 들이마시고, 마지막에는 힘차게 뱉어낸다. 이 같은 과정은 불과 3초밖에 되지 않는다. 진한 추출액을 마시지 않고 입안에서 굴리는 것만으로 그 자리에서 맛을 감정할 수 있다니 역시 전문가답다.

최근에는 홍차 전문점에서 전문가용 테이스팅 기구들을 구입할 수 있으며, 온라인숍에서도 다양한 산지의 찻잎을 3g씩 넣은 '테이스팅 키트'를 판매하고 있다. 세계의 산지를 순서대로 시도해보는 것도 좋고, 돌아가면서 한 번씩 시도해보는 것도 좋으니, 차를 즐기면서 꾸준히 테이스팅 해보기를 추천한다. 홍차 강좌에서는 마치 차 품평사가 된 것처럼 테이스팅 실습을 제공하는데, 이 테이스팅을 통해 "비로소 홍차 맛의 차이를 느낄 수 있었다!"고 말하는 사람들이 많다.

홍차 맛을 알기가 어렵다고 느끼는 것은 비교해서 마시는 경험을 해본 적이 없기 때문이다. 테이스팅의 기본은 비교 심사다. 여러 가지 다른 종류를 비교해서 마셔봐야 비로소 각각의 차이가 두드러진다. 처음에는 특징을 파악하기 어려워도 테이스팅을 계속하다 보면 홍차의 특징이 선명히 보이고, 맛을 보는 방법도 바뀐다.

섬세한 향의 차이, 보디의 강도, 발효의 정도 등, 홍차에는 다양한 표정이 있다. 내 몸과 마음의 상태, 계절과 시간에 따라서도 원하는 찻잎은 매일 바뀌기 마련이다. "오늘 아침은 차분함을 불러일으키는 홍차를 마셔볼까." 이런 선택을 할 수 있게 되었다면, 이미 여러분은 홍차 상급자다.

중요한 것은 기준 차를 발견하는 거야.
'홍차는 이런 향과 맛!'이라는 기준이 정해지면,
각 특징의 차이를 알게 돼.

부담 없이 도전!

초간단 티 테이스팅

Level 2

전용 기구가 없어도 티 포트와 컵만 있으면 OK! Making Tea 2(260쪽)에서 소개한 순서를 참고해 티 테이스팅을 해보자.

① 처음에는 3대 홍차인 '다르질링, 우바, 기문'을 마시면서 비교해볼 것을 추천한다. 전문 품평사가 감정하는 진한 추출액은 일반 수질에서는 떫은맛이 지나치게 강조되어 맛을 알기 어렵다. 따라서 '찻잎 3g, 뜨거운 물 180㎖, 3분간 추출'이라는 조건에 맞춰 테이스팅을 한다.

② 마시는 법은 각자가 좋아하는 방식을 따른다. 홍차 향을 체크한 뒤, 입에 머금고 천천히 굴리면서 보디의 강도, 단맛과 떫은맛, 입에 넣었을 때의 감촉 등을 맛본다.

③ 천천히 찻잎의 종류를 늘려간다. 그중에서 가장 홍차답다고 느껴지는 '기준 차'를 결정해 다양한 홍차와 비교해 마시면서 좋아하는 맛을 찾아간다.

Column

물이 홍차 맛을 결정한다

‘오차노미즈(お茶の水, 차를 우리기 위한 물)’는 도쿄에 있는 역 이름이다. 어째서 이렇게 독특한 이름을 가지게 되었을까?

그 유래는 글자 그대로다. 게이초 시대(일본의 연호로 1596~1615년까지를 말함—옮긴이), 에도 막부 2대 쇼군인 도쿠가와 히데타다(德川秀忠)가 선사인 고린지(高林寺)의 경내에서 솟아 나온 물이 마음에 들어 차를 우리기 위한 물로 사용했다고 해서 이 일대를 ‘오차노미즈’라 부르게 되었다.

중국에는 ‘수위차지모(水爲茶之母, 물은 차의 어머니다)’라는 말이 있는데, 사실 차 추출액의 99.7퍼센트는 수분이다. 고급 찻잎을 썼다고 하더라도 물맛에 따라 풍미와 수색은 완전히 달라지며, 특히 연수로 우린 차와 경수로 우린 차에는 커다란 차이가 생기기 마련이다.

물의 경도는 물속의 칼슘과 마그네슘 함유량이 결정한다. 세계보건기구의 기준에 따르면, 1ℓ당 칼슘과 마그네슘 함유량이 120mg 미만을 연수, 120mg 이상을 경수로 분류한다. 일본의 물은 경도 20~80mg/ℓ 정도의 연수이며, 유럽의 물은 경도 200~400mg/ℓ 정도의 경수가 많다(한국의 물은 아리수 기준으로 70~85mg/ℓ이다—편집자). 해외여행을 갔을 때 그

나라 물이 다르다고 느끼는 것은 이런 경도의 차이 때문이다.

나라에 따라 물의 경도에 차이가 생기는 이유 중에는 지질과 지형의 영향도 있다. 유럽의 지형은 비교적 완만하고 석회질이 많은 지질이다. 따라서 빗물이나 눈이 녹은 물이 시간이 흐르며 땅속으로 스며드는 과정에서 미네랄 성분이 용출된 경도 높은 물이 된다. 반면, 일본의 지형은 험준하고 화산암이 많은 지질이라서 미네랄을 그다지 함유하지 않은 경도가 낮은 물이 된다.

그렇다면 홍차에 적합한 물은?

연수로 차를 우리면 차의 성분이 잘 추출되기 때문에 찻잎이 가지고 있는 본연의 특징을 이끌어내기가 쉽다. 따라서 수색이 맑고 밸런스가 잡힌 좋은 차가 만들어진다. 경수는 미네랄의 영향으로 차의 성분이 추출되기 어렵고, 철분과의 화합작용으로 수색이 어두워지는 경향이 있다. 또한 말차를 경수로 우리면 미네랄의 영향으로 거품이 잘 일어나지 않는다.

그렇다고 반드시 어떤 물이 차에 적합하다고 한마디로 단언할 수는 없다. 예로부터 일본차에는 경도 10~50mg/ℓ 정도의 연수가 적합하다고 알려졌지만, 최근 한 연구에서는 경도 300mg/ℓ 정도의 중경수인 에비앙을 사용해서 우린 차가 연수로 우린 차보다 감칠맛이 강하다는 결과가 나왔다. 뿐만 아니라, 홍차의 경우에도 많은 사람이 연수로 우린 차보다 경수로 우린 차를 맛있게 느꼈다고 한다.

예전에 한 호텔의 애프터눈 티에서는 홍차의 종류뿐 아니라 물의 종류(경수와 연수)도 선택하는 독특한 서비스를 제공했던 적이 있다. 찻잎의 특징과 자신의 취향을 파악한 상태에서, 아삼 찻잎으로 깊은 맛의 밀크티를 마시고 싶은 경우에는 경수를, 다르질링 찻잎으로 섬세한 풍미를 맛보고 싶은 경우에는 연수를 선택하면 성질이 다른 물을 사용하는 것만으로도 차를 즐기는 폭이 한층 넓어진다.

오래전 다인들은 '차를 우리기 위한 물(오차노미즈)'을 찾아 일본 각지를 돌아다니며 맛이 좋은 물로 찻물을 끓여서 차를 우렸다고 한다. 이 같은 전통은 지금까지도 계속돼 명수(名水)로 이어지고 있는데, 명수를 이용한 오테마에(お点前, 차노유 용어 중 하나로 차를 우리기 위한 순서, 절차를 말함—옮긴이)는 '메이스이다테(名水点, 명수를 이용해서 차를 우리는 다도법의 하나—옮긴이)'라고 하는 특별한 다례가 되었다.

바야흐로 지금은 전 세계에서 생수를 병으로 파는 시대니, 여러 나라의 다양한 물로 차 여행을 하다 보면 새로운 발견을 할 수 있을지도 모른다.

요즘 대세
홍차 전문점 5

1 리프 다르질링 하우스
Leaf Darjeeling House

도쿄

20년이 넘게 이어지고 있는 일본 최고의 다르질링 전문점.
한번 마셔보면 맛있는 홍차에 눈을 뜰 수 있다.

https://shop.leafull.co.jp

2 TEAS Liyn-an
홍차 전문점

아이치

전국에서 홍차를 사랑하는 사람들이 모이는 성지. 공학도 출신 오너인 호리타 노부유키(堀田信幸)의 홍차에 관한 담화도 매력적이다.

https://liyn-an.com

3	TEAPOND 홍차 전문점
	도쿄, 오사카

전 세계의 산지에서 엄선한 찻잎으로 라인업을 갖춘 곳.

이곳의 추천 아이템은 다양하고 풍부한 가향티다.

https://www.teapond.jp

4	Uf-fu 홍차 전문점
	도쿄, 고베

오너가 직접 현지의 다원을 돌며 엄선한 찻잎은 평생에 단 한 번 맛볼 수 있는 최고의 품질을 보증한다. 자체 블렌드도 풍부한 개성을 담고 있다.

https://www.uffu.jp

5 London Tea Room

영국 홍차 전문점

오사카

이곳의 영국식 밀크티는 한번 마시면 잊을 수 없다.
찻잎 외에도 자존심을 건 티 도구가 볼거리.
https://london-tearoom.co.jp

additional info

홍차를 온라인숍에서 구매해도 괜찮을까?

홍차는 농작물이라서 찻잎을 눈으로 보고 시음한 후에 구입하는 것이 가장 좋다. 하지만 집 안에서 전 세계의 홍차를 받아볼 수 있는 온라인 구매가 매력적인 것만은 분명하다. 최근에는 네코포스(NEKOPOS, 소화물을 고객의 우편함으로 출하 후 1~2일 안에 배송해주는 서비스—옮긴이)를 이용해 테이스팅 세트를 구매하거나, 다양한 홍차를 매월 배송해주는 서비스를 구독할 수 있으므로, 부담 없이 차를 즐기고 싶은 사람이라면 경험해볼 만하다.

추천 온라인숍 | 프리미엄 티 숍, nittoh. 1909

일본의 홍차 문화를 견인해온 미쓰이농림이 직접 운영하는 온라인숍. 온라인으로 다원 투어나 시음회를 즐길 수 있는 새로운 형태의 체험형 사이트다. https://nittoh1909.com

Chapter 7

이렇게나 심오한 오후의 홍차

애프터눈 티의 모든 것

홍차를 마시는 모습에 품격이 드러난다

홍차를 말할 때 빼놓을 수 없는
애프터눈 티에 대해 알아보자.
애프터눈 티를 즐기려면 지켜야할 규칙이 있어.
이 규칙만 알아도 홍차에 대한 세계관이
한층 넓어지고 품격을 갖춘 사람이 될 수 있어.

영국에는 "홍차를 마시는 모습에 품위와 교양이 나타난다"라는 말이 있다. 처음 만난 사람이라도 그 사람의 행동를 통해 3대 선조까지 꿰뚫어 볼 수 있다고 하니 놀라울 따름이다.

현재 영국에서 가장 큰 인기를 끌고 있는 캐서린 왕세자비도 이 말에서 자유로울 수 없었다. 결혼 전, 캐서린 왕세자비에게는 홍차 매너를 둘러싸고 다음과 같은 소문이 떠돌았다고 한다.

당시 일반인 가정 출신인 캐서린과의 교제를 두고 왕실에서는 곱지 않은 의견도 있었는데, 엘리자베스 2세가 캐서린의 일가를 사적인 애프터눈 티에 초대했을 때 계급의 차이가 느껴질 만한 행동을 목격한 이후, 점점 더 그 관계에 대해 의문을 가지는 목소리가 커졌다는 것이다. 좀처럼 결혼으로까지 이야기가 진전되지 않아, 한때 매스컴에서는 '웨이티 케이트(Waity Kate, 기다림에 지친 케이트)'라는 불명예스러운 닉네임까지 붙일 정도였다.

소문의 진위는 차치하더라도, 매너가 사람됨을 나타내는 중요한 교양 중 하나임은 분명하다. 매너는 한순간에 위기를 부르는 함정이 되기도, 기회를 열어주는 열쇠가 되기도 한다.

우아하게 홍차를 마시는 법

홍차를 기품 있게 마시려면 먼저 자세부터 당당해야 한다. 아름다운 자세를 잡을 때 중요한 것은 상체다. 앉을 때는 마치 천장에서 실이 잡아당기고 있다는 느낌으로 등을 곧게 펴고, 골반을 의식해서 앉는다. 이때 배꼽 아래의 단전에 힘을 주면 곧게 중심이 잡히므로 아름다운 자세를 유지할 수 있다.

매너도 계급에 따라 차이가 있다

영국은 계급사회라서 매너도 계급에 따라 차이가 있다. 상류계급에서는 유년기부터 매너를 배우는 특별한 시간을 통해 기본 소양을 자연스럽게 몸에 익힌다. 하지만 영국의 상류층은 불과 1퍼센트도 되지 않는 소수다. 대다수 사람들은 '기초 교양'으로서의 매너를 스스로 연마한다.

또 한 가지, 품성이 드러나는 부분은 찻잔을 잡는 손끝이다. 찻잔과 소서가 서빙되고 나면 하이 테이블의 경우 받침에는 손을 대지 않고 오른손으로 찻잔만 들어 올린다(POINT 1). 로 테이블이나 입식 스타일의 경우 소서째 가슴 높이까지 들어 올리고, 왼손으로는 소서를 오른손으로는 찻잔을 들고 마신다(POINT 2). 이때 손잡이는 손가락을 완전히 통과시켜서 잡지 않는다. 엄지와 검지, 중지의 세 손가락으로 감싸듯이 잡고, 새끼손가락은 세우지 않고 연장선상에 나란히 놓으면 대단히 우아한 손동작을 만들 수 있다.

찻잔은 오른손잡이나 왼손잡이 모두 오른손으로 잡는 것이 매너다. 영국에는 왼손잡이도 상당히 많은데, 어릴 때부터 찻잔을 잡는 방법을 연습해서 찻잔은 오른손으로 잡는 것이 익숙하다고 한다. 손잡이를 쥐듯이 잡거나 찻잔 바닥에 왼손을 대거나 양손으로 마시는 행동은 유치해 보인다고 한다.

우유나 설탕을 넣을 때는 티스푼으로 소리를 내지 않고 섞는다. 이때 찻잔 안에서 빙글빙글 돌려 섞거나 바닥에 닿게 해서 소리를 내며 섞는 것은 매너에 어긋나는 행동이다. 티스푼을 가볍게 띄운 상태에서 몸에서 가까운 쪽에서 먼 쪽으로 N자를 왕복으로 그린다는 느낌으로 조용히 움직인다. 다 섞은 후 티스푼은 소서 바깥쪽(몸에서 먼 쪽)에 문양이 오른쪽

원래 찻잔에는 손잡이가 없었다!

홍차가 영국에 들어온 17세기 당시, 찻잔에 손잡이는 달려 있지 않았다. 중국이나 일본에서 만든 작은 다기로 귀중한 차를 마시는 시대가 오랫동안 이어지면서, 손잡이가 달리게 된 초기 무렵에도 손잡이는 작고 가늘어 손가락을 통과시키기보다는 손가락으로 감싸는 용도로 쓰였다.

POINT 1

하이 테이블의 경우,
오른손으로 찻잔을
들어 올린다.

POINT 2

로 테이블의 경우,
소서째 가슴 높이까지 들어 올리고
왼손으로는 소서를
오른손으로는 찻잔을 잡는다.

POINT 3

우유나 설탕을 넣을 때는
티스푼을 가볍게 띄운 상태에서
몸에서 가까운 쪽에서 먼 쪽으로
N자를 왕복으로 그린다는 느낌으로
조용히 섞는다.

〖 우아하게 홍차 마시는 법 〗

으로 오게 하고 위를 향하게 놓는다(POINT 3).

한편, 손끝에는 그 사람의 삶의 모습이 나타난다고 한다. 그러므로 남녀를 불문하고 손 관리와 네일 케어를 빠뜨리지 않는 것이 좋다. 상대방에게 불쾌감을 주는 손톱이나 식기에 흠집이 생길 우려가 있는 반지는 피해서 기분 좋은 자리가 되도록 유의한다.

문화에 따라 에티켓에도 차이가 있다

문화에 따라 에티켓의 차이가 있다 보니, 자신의 나라에서는 에티켓 있는 행동이 서양 매너에서는 결례가 되기도 한다.

예를 들어, 식사를 기다릴 때 일본에서는 손을 무릎 위에 놓는 일이 많은데, 서양 매너에서는 손을 가볍게 쥐고 테이블 위에 손목이 닿게 놓는 것이 에티켓이다. 이는 기사도 정신의 증거로, 양손을 상대방이 볼 수 있게 함으로써 무기를 감추고 있지 않다, 즉 적의가 없다는 의사를 표현하는 것이다.

서양에서는 요리가 테이블에 서빙되면 곧바로 먹지 않고, 특별한 말이 없는 한 모든 사람이 앉을 때까지 기다린다. 애프터눈 티의 경우, 그 자리에서 메인 위치에 있는 사람이 홍차에 입을 댄 순간을 시작 신호로 보면 된다.

또한 식사 중에도 주위에 대한 배려가 필요하다. 서빙하는 사람을 부를 때는 특별한 불만을 이야기하는 것이 아니라면, 눈 맞춤을 이용하는 것이 좋다. 뿐만 아니라 팔짱을 끼거나 팔꿈치를 괴거나 신발을 벗거나 머리카락을 만지는 것도 매너에 어긋나는 행동이다.

그리고 무엇보다 가장 실례가 되는 행동은 식사 중에 내는 소리다. 차를 마시거나 면 요리나 수프를 먹을 때 소리를 내는 것은 대단히 불쾌하고, 주위에 대한 배려가 없는 행동으로 비친다.

식사 시의 에티켓은 머리가 아닌 몸으로 기억하는 것이다. "티 매너는 가정교육을 나타낸다"라는 말의 이면에는, 에티켓은 하루아침에 몸에 익지 않으므로 유년기의 훈육이나 식사 예절에 대한 교육이 중요하다는 의미가 담겨 있다. 상황에 따른 알맞은 식사 매너와 홍차 매너를 지켜 자신의 품격을 높여보자.

따라주는 것은 No

차를 마실 때 옆자리에 앉은 사람의 찻잔이 비었다고 해서 홍차를 따라줄 필요는 없다.

Column

홍차를 소서에 부어 마셨던 귀부인들

'홍차를 마실 때는 찻잔에서 소서로 옮겨 담은 뒤 소리를 내면서 마시는 것이 교양 있는 에티켓이다.'

얼핏 기묘하게 보이기도 하는 이 매너가 널리 퍼지게 된 것은 차가 유럽으로 건너간 초기의 일이다. 왜 이렇게 이상한 광경이 펼쳐지게 된 것일까?

영국에 차가 널리 퍼진 17세기 중반, 차와 함께 티로드를 건너온 것이 차 도구였다. 중국에서 오래전부터 쓰이던 찻주전자나 다완과 같은 다기는 원래 배의 안정을 유지하기 위해 배 바닥에 까는 짐의 용도로 실렸던 물건이다.

초기에는 손잡이가 없는, 티 보울(Tea Bowl)이라 불리는 작은 다완으로 녹차를 마셨다. 유럽인들이 처음으로 가지게 된 자기는 매력적이기는 하지만, 두께가 얇아서 뜨거운 차를 담았을 때 손으로 잡기가 어려웠다. 그래서 다완에서 소서로 옮겨 담아 온도를 낮추고 소리를 내면서 공기와 함께 마심으로써 쓴맛을 누그러뜨렸다. 이렇게 일본의 다도와 비슷한 '디시 오브 티(Dish of Tea)'라는 에티켓이 탄생했다.

참고로 당시의 소서는 얇고 평평한 디자인이 아니라, 다완과 소서의 용량이 똑같이 일치하는 깊이가 있는 모양이었다. 현재 주로 볼 수 있는 찻잔과 소서는 얇은 디자인이 주류를 이루지만, 깊은 접시 모양의 소서는 아직도 존재하며, 지금도 나라마다 취향이 각기 다르다.

차가 식을 때까지 기다리기 힘들다는 고민을 해결하기 위해 18세기에 들어서면서 손잡이가 달린 찻잔이 탄생했다. 하지만 디시 오브 티 에티켓은 영국 전역으로 퍼졌고, 20세기에 들어서도 일부 지방에는 이 문화가 남아 있었다.

트레버 레깃(Trevor Leggett)이 쓴 《신사도와 무사도 - 영국과 일본의 비교 문화론》에는 엘리자베스 2세가 시골 마을에 방문했을 때 연배가 있는 부인이 홍차를 소서에 옮겨서 마시는 모습을 보고, 여왕도 같은 방법으로 마셨다는 내용이 있다.

18세기 무렵의 초상화에는 티 보울을 손에 든 장면이 많은데, 티 보울을 자기나 옥석, 금은 장식품과 같은 급으로 취급했다는 것을 알 수 있다. 또한, 19세기의 일상을 그린 그림에서 디시 오브 티 풍경이 보이기도 한다. 이 같은 그림은 그 시대의 차 도구와 차의 위상을 말해주는 귀중한 자료다.

A&P(The Great Atlantic & Pacific Tea Co.)의 엽서

우유가 먼저냐 홍차가 먼저냐 영국의 홍차 논쟁

"홍차를 따르기 전에 먼저 우유를 붓는 것이 영국식 매너다." 이런 말을 들어본 적이 있는가?

영국의 한 조사에 따르면, 영국에서는 홍차에 우유를 넣어 마시는 사람이 90퍼센트를 차지하는데, 그중 우유를 먼저 넣는 MIF(Milk in first)파는 20퍼센트, 나중에 넣는 MIA(Milk in after)파는 80퍼센트라고 한다.

'홍차가 먼저냐, 우유가 먼저냐' 논쟁은 영국인들이 예로부터 좋아했던 주제 중 하나로, 서로 각각 흥미로운 이유가 있다. MIF파는 "우유의 양이 명확해서 잘 섞이니까 맛있다"고 주장하며, MIA파는 "우선 스트레이트 티로 홍차의 향을 즐겨야 한다"고 주장한다.

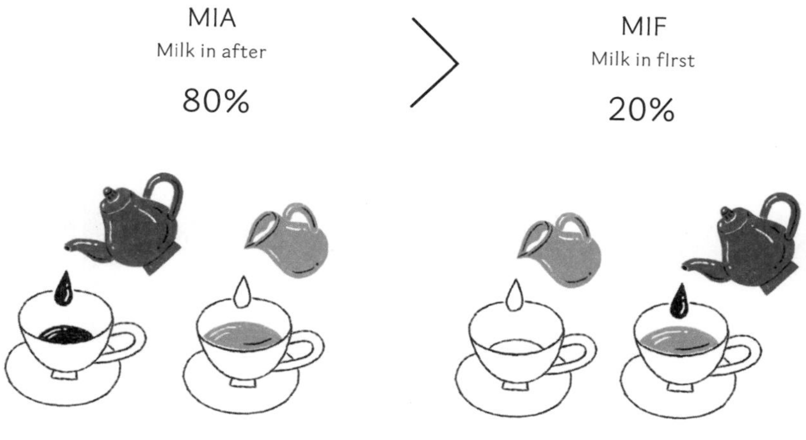

영국답게 이 논쟁에도 계급의식이 숨어 있다. 애프터눈 티가 널리 퍼진 19세기, 우아한 티파티는 꿈도 꾸지 못했던 노동자계급에게 홍차는 활력의 원천이었다. 따뜻한 홍차에 설탕과 우유를 듬뿍 넣어 마셔서 에너지를 보충했던 것이다.

또한 당시에는 찻잔이 대단히 귀중한 물건이었기 때문에 뜨끈뜨끈한 홍차를 넣다가 도자기가 깨지거나 금이 가는 것을 피하기 위해 상온의 우유를 먼저 넣은 다음 홍차를 따르곤 했다. MIF파는 이러한 습관의 흔적이다.

한편, 상류계급이 애프터눈 티에서 마시는 홍차는 다르질링이나 기문 같은 섬세한 향 자체를 즐기는 차였다. 스트레이트로 자연스러운 찻잎의 풍미를 맛보는 것을 즐기던 귀족들은 "홍차보다 먼저 우유를 넣으면 안 된다"고 주장했다.

이러한 배경에서 '우유를 먼저 넣는 것은 노동자계급, 나중에 넣는 것은 상류계급의 에티켓'이라는 이야기가 떠돌던 시대도 있었는데, 현재는 젊은 층일수록 MIA파의 비율이 늘고 있다.

Break Time

찻잔에 흩날리는 먼지의 정체

일류 호텔에서 홍차를 주문했는데, 서빙된 홍차의 표면에 먼지 같은 것이 떠 있다면 여러분은 어떻게 할 것인가?

"먼지가 떠다니니 차를 새로 우려주세요!"라고 불만을 표시하는 사람들도 많을 것이다. 하지만 컴플레인을 제기하기 전에 먼저 이 먼지의 정체부터 파악해보자.

이 먼지의 정체는 '모용(毛茸)'이다. 모용은 부드러운 어린잎을 강렬한 햇빛과 병충해로부터 보호하기 위해 표피세포가 변형되면서 가느다란 털 모양이 된 '솜털' 같은 것으로, 식물학에서는 '트리콤(trichome)'이라 부른다. 자세히 보면 반짝반짝 빛나는 모용은 심아가 성장하면서 떨어져 나가기 때문에 극히 짧은 기간에만 볼 수 있는 희소 부위기도 하다.

MIF vs. MIA

영국왕립화학협회는 검증을 통해 MIF가 더 맛있는 홍차를 완성한다고 결론지었다. 고온의 홍차 속에 온도가 낮은 우유를 넣으면 열변성이 생기기 쉬운 반면, 우유를 먼저 넣으면 풍미가 손상되지 않는다고 한다. 하지만 양측 어느 누구도 양보할 기세를 보이지 않아서 그들이 좋아하는 이 논쟁에 종지부를 찍을 일은 없어 보인다.

홍차업계에서는 이 모용에 싸여 있는 심아에 팁(Tip)이라고 하는 특별한 이름을 붙였다. 팁이 많이 들어 있는 홍차는 티피(Tippy)라는 등급을 받아 고급 차로 분류되며, 팁이 은색인 경우에는 실버 팁(Silver tip), 금색인 경우에는 골든 팁(Golden tip)이라 부르며 귀중한 차로 취급한다.

서빙된 홍차에서 먼지를 발견했을 때 "팁이 많고 등급이 높은 홍차를 쓰시네요"라는 칭찬을 건넨다면, 세련된 홍차 애호가라는 소리를 들을 수 있다.

3단 트레이를 이용하는 티 푸드 매너

애프터눈 티는 '영국식 다도'이므로 격식을 갖춘 애프터눈 티에는 일본의 차노유와 마찬가지로 다소 딱딱한 규칙이 있다.

애프터눈 티의 아이콘 하면 은제 3단 트레이를 떠올리는 사람이 많은데, 반드시 이것이 표준이라고 할 수는 없다. 영국의 빅토리아 시대에 귀족들의 저택에서 열렸던 격식 있는 티 세리머니에서는 티 푸드가 은제 접시에 담겨 적절한 타이밍에 코스요리처럼 한 접시씩 서빙되었다. 이 같은 경우라면 서빙받는 순서대로 티 푸드를 먹으면 되니, 티 푸드 매너에서 특별히 혼동될 일은 없다.

그런데 3단 트레이에 담겨 한번에 서빙될 때는 '어떤 것부터 먹어야

할까', '먹는 순서가 있는 걸까?' 하는 의문이 생기게 마련이다. 그럴 때는 어렵게 생각하지 말고 뷔페 스타일을 떠올린다. 하지만 좋아하는 것을 자유롭게 먹을 수 있다고 해서 갑자기 디저트부터 먹기 시작하면 곤란하다. 코스요리처럼 전채→수프→메인→디저트의 순서로 먹는 것이 매너다. 애프터눈 티도 마찬가지다. 세이보리(Savory, 짭짤한 음식) → 스콘(Scone) → 페이스트리(Pastry)의 순서로 먹는다.

'3단 트레이는 밑에서부터 순서대로 먹는 것이 매너'라고 하는 사람도 있는데, 이는 신중해야 한다. 왜냐하면 영국에서는 밑에서부터 순서대로 세팅이 되어 있는 경우가 많은데, 일본은 겉으로 보이는 모양을 중시해서 그렇게 세팅하지 않는 곳이 많기 때문이다. 단순히 위치로 기억하지 말고, 원칙대로 샌드위치 같은 짭짤한 세이보리에서 시작해 단맛을 가진 페이스트리는 나중에 먹는다는 걸 떠올리자. 그리고 이 순서는 기본적으로 거꾸로 다시 돌아가지 않고 한 방향으로 진행한다.

한때 감염병의 확산을 막기 위해 1인 1대의 3단 트레이가 제공되는 곳도 있었지만, 원래 여러 명이 하나의 3단 트레이를 함께 나눠 먹는 것이 정통 스타일이다. 따라서 여러 사람과 함께 먹는 테이블에서 자기가 좋아하는 것만 자신의 페이스로 먹는다면, 분위기를 파악하지 못하는 사람이라는 평가를 받을 수 있다.

이 밖에, 티 푸드는 리필을 해주는 경우와 그렇지 않은 경우가 있다. 영국의 호텔은 리필을 해주는 곳이 많아 3단 트레이가 비어 있으면 계속 채워주지만, 접시에 티 푸드가 너무 수북이 담겨 있다면 품위 있어 보이지는 않을 것이다.

격식을 차리지 않는 경우에는 엄격한 규칙이 없지만, 정통 매너를 잘 숙지하고 있다면 어디에서든 걱정 없다. 옆에 앉은 사람들과 대화를 나누면서 먹는 속도까지 맞춘다면 세련되게 애프터눈 티를 즐길 수 있다.

Break Time

애프터눈 티의 아이콘, 3단 트레이

은제 3단 트레이는 20세기 초반에 서비스를 간소화하기 위해 고안된 편리한 아이디어 상품이다. 3단 트레이의 시초는 덤웨이터(서양에서 사용하는 연회용 소탁자의 일종—옮긴이)다. 덤웨이터는 '말을 하지 못하는 사환'이라는 뜻으로, 작은 사이드 테이블을 2단, 3단으로 겹쳐놓은 목제가구를 말한다. 귀족들의 저택에서 애프터눈 티를 할 때 남은 과자를 진열해놓고 순서대로 서빙할 때 이를 사용했다. 그 덤웨이터를 작게 탁상용으로 만든 것이 3단 트레이로, 1920~1930년대에 걸쳐 다양한 모습으로 등장했다.

마실 것은 오른손으로
먹을 것은 왼손으로

티 푸드를 먹을 때 3단 트레이에서 바로 입으로 가져가는 행동은 비매너다. 반드시 트레이에서 자신의 접시로 옮긴 다음에 먹도록 한다. 이때, 배려를 한다고 옆 사람의 그릇에 담아주거나 나눠주는 행동은 역효과를 부를 수 있으니 조심한다.

한 가지 재미있는 사실은 티 푸드로 홀 케이크가 나왔을 때 수렵민족과 농경민족의 차이가 확연히 드러난다는 점이다. 대개 동양인들은 사람 수에 맞게 자른 다음 나눠주려는 경향이 있는데, 개인주의 성향이 강한 서양에서는 손님의 수와 밸런스를 생각하면서 자신이 먹을 만큼만 가져간다.

격식 있는 애프터눈 티에서는 작은 크기의 핑거푸드가 나오는데, 샌드위치처럼 손으로 집어 먹는 음식은 식기를 쓰지 않고 왼손으로 먹는다. 왼손을 사용하는 이유는 샌드위치나 과자를 먹었을 때 손에 묻은 기름기로 인해 찻잔의 손잡이가 더러워지거나 손이 미끄러지는 것을 방지하기 위해서다.

그래서 마실 것은 오른손, 먹을 것은 왼손으로 나눠서 사용한다. 보통은 오른손잡이인 사람들이 많아 갑자기 왼손을 사용하려 하면 처음에는 어려움을 느낄 수도 있지만, 오히려 그런 어색한 모습이 더 아름다운 에티켓이 되기도 한다. 평소에 많이 사용하는 손은 아무래도 편하다 보니 동작이 거칠어질 수 있지만, 익숙하지 않은 손은 천천히 조심스럽게 움직이기 때문에 정성을 담은 동작이 나올 수밖에 없다. 젓가락질과 마찬가지로 의외의 솜씨가 드러나는 부분이므로 신경을 써보자.

식사를 마치고 자리에서 일어날 때, 나이프의 칼날은 안쪽, 포크의 날끝은 위를 향하게 해 접시 중앙에 세로로 나란히 놓는 것이 영국 스타일이다. 좌우 어느 쪽에서든 정리를 할 수 있게 배려한다는 마음이 담겨 있다.

귀족의 최고 사치
오이 샌드위치

티 푸드의 스타는 단연 세이보리다. 전통적인 세이보리 메뉴는 티 샌드위치인데, 최근에는 전채나 수프 같은 아뮤즈 부쉬가 인기가 있다.

티 푸드와 어울리는 홍차를 선택할 때, 그 사람의 감각이 드러나는 법이다. 홍차의 주성분은 와인과 마찬가지로 타닌이므로, 와인을 고르듯이 홍차를 선택해보는 것도 좋다. 타닌이 많이 함유된 아삼종은 묵직한 보디감의 레드와인, 아미노산이 많이 함유된 중국종은 가볍고 감칠맛이 좋은 화이트와인에 해당한다. 이 공식을 기본으로 해서 티 푸드에 어울리는 홍차를 페어링해보자. 특히, 다르질링과 누와라엘리야, 기문은 샌드위치와 잘 어울린다.

한편, 우아한 영국식 애프터눈 티에서 빠질 수 없는 것이 '오이 샌드위치'다. 우리에게 오이는 서민적인 식재료라는 느낌이 강한데, 영국에서는 그렇지 않은 걸까. 최고급 호텔로 이름이 난 더 리츠의 애프터눈 티에서도 다음과 같은 찬사가 등장한다. "오이 샌드위치는 티 테이블의 귀족입니다. 우아하고 세련되며 모자람이 없습니다." 도대체 어쩌다 오이가 귀족의 고귀한 음식이 된 걸까?

애프터눈 티가 시작된 영국의 빅토리아 시대. 위도가 높은 영국은 기온이 낮은 데다 일조시간도 짧아 오이 재배가 대단히 어려웠다. 그래서 프랑스의 귀족들이 오렌지를 키우기 위해 전용 온실 '오랑제리'를 경쟁하듯 만든 것처럼, 영국의 귀족들은 오이를 키우기 위한 온실 '그린 하우스'를 만들었다. 온실을 응용해 안쪽에 온수가 지나가는 관을 설치하고, 정원사들이 세심한 주의를 기울여 온도를 관리하면서 오이를 재배했다.

그뿐만이 아니었다. 완벽주의자면서 휘는 것을 극도로 싫어했던 영국인 정원사는 외양과 맛을 추구하기 위해 오이가 비틀어지는 것을 바로잡는 '오이 교정기(Cucumber Straightener)'를 고안해냈다. 오이 교정기는 마치 거대 시험관 같은 유리관으로, 자세히 보면 정확히 오이 한 개가 들어갈 만한 크기다. 이렇게 한 개 한 개마다 교정기구를 씌워서 정성 들여 오이를 길러냈다. 그야말로 '온실재배'를 통해 만들어진 값비싼 식재료였다.

이렇게 귀중한 오이를 아낌없이 넉넉히 사용한 오이 샌드위치는 대접을 위한 최고의 음식이자, 부와 신분을 상징하는 음식이었다. 귀족들의 티 테이블에는 빠지지 않고 오이 샌드위치가 등장했으며, '오이 샌드위치를 준비하지 못한 요리사가 스스로 목숨을 끊어 사죄했다'는 이야기까지 나올 정도로 파급력이 대단했다.

참고로, 영국의 오이는 우리가 생각하는 일반적인 오이와 크기도 맛도 상당히 다르다. 영국의 오이는 오이라기보다는 '외(瓜)'에 가깝다. 신선한 민트와 함께 샌드위치로 만들면 단순하면서도 특별한 맛이 느껴지니 신기할 따름이다.

현재도 오이 샌드위치는 영국 왕실의 애프터눈 티를 비롯해 호텔이나 티 룸에서 부동의 위치를 자랑한다. 오이 샌드위치를 랍상소우총과 페어링하면 19세기 영국 귀족의 기분을 맛볼 수 있다.

런던 가든 박물관에 전시되어 있는 오이 교정기.

Column

샌드위치 백작의 후손이 펼치는 샌드위치 비즈니스

애프터눈 티에서 빠질 수 없는 샌드위치도 얼그레이와 마찬가지로, 영국 귀족에게서 유래했다.

초대 샌드위치 백작은 청교도혁명으로 네덜란드에 망명 중이던 찰스 2세를 맞이하기 위해 영국함대를 이끌고 간 것을 계기로, 1660년에 백작 작위를 받았다. 그는 영국 왕실에 차를 널리 퍼뜨린 캐서린 왕비와 찰스 2세의 중매를 담당했던 인물이기도 하다.

18세기에 작위를 이어받은 4대 샌드위치 백작 존 몬터규(John Montagu)는 도박을 대단히 좋아해 저택에 친구들을 초대해서 카드 게임을 하는 데 온 정신을 쏟았다. 백작은 게임이 무르익으면 식사 시간도 아까워서 집사에게 빵 사이에 로스트비프와 치즈를 끼워 넣은 음식을 만들게 했다. 그리고 트럼프 카드를 쥔 채 한 손으로 고기 넣은 빵을 들고 먹으면서 게임을 이어나갔다. 이 같은 백작의 스타일이 널리 퍼지면서 그 빵을 샌드위치라 부르게 되었다는 일화가 전해지고 있다.

사실 이 같은 일화는 가십이며, 백작은 적극적인 정치인이었다는 의견도 있다. 하지만 이러한 이야기를 누구보다 비즈니스에 잘 활용하고 있는 사람이 있으니, 현재 작위를 계승하고 있는 제11대 샌드위치 백작이다. 귀족원 의원이면서 사업가이기도 한 그는 백작의 이름을 딴 샌드위치 전문점 '얼 오브 샌드위치(Earl of Sandwich)'를 열어 미국 전역에서 체인점을 운영하고 있다. 선대 백작이 고안했던 로스트비프 샌드위치인 '더 오리지널 1762'는 이 가게의 인기 상품으로, 원조 샌드위치의 명성은 오늘날까지 건재하다. 미국에서는 샌드위치 백작의 생일인 11월 3일이 샌드위치의 날로 제정될 정도로 샌드위치가 많은 사랑을 받고 있다.

19세기에는 귀족들이 즐기는 애프터눈 티의 메뉴로, 샌드위치가 등장했다. 이러한 '티 샌드위치'는 샌드위치 백작이 배를 채우기 위해 재료를 가득 넣어 만든 덩치 큰 샌드위치와는 차원이 달랐다. 여성의 화사한 손끝으로 집어 입을 크게 벌리지 않고 먹을 수 있도록, 빵은 속이 비칠 정도로 얇게 자르고 안을 채우는 재료는 단 한 가지만 넣었다. 이것을 1인치(2.54㎝) 크기로 잘라서 샌드위치 전용 은제 그릇에 담아 서빙했다. 이처럼 티 샌드위치 하나에도 궁극의 우아함을 표현했다.

『 미국식 』

『 영국식 』

영국 왕의 옥좌와 스콘의 상관관계

영국 과자의 대표선수 하면 누구나 스콘을 떠올린다. 스콘은 1513년에 처음 문헌에 등장했을 정도로 역사가 깊다.

스콘이라는 이름의 유래는 스코틀랜드에 있는 '운명의 돌(Stone of Destiny)' 또는 '스쿤의 돌(Stone of Scone)'로 불리는 돌에 있다는 설이 유력하다. 이 돌은 예루살렘에서 성 야고보가 신으로부터 계시를 받았을 때 베개 삼아 베고 있던 전설의 파워 스톤이다. 몇 번에 걸친 쟁탈전 끝에 이 돌은 원주민인 스코트족에게 넘어가 스코틀랜드 왕가의 수호석이 되었다.

그런데 1296년 잉글랜드의 왕 에드워드 1세가 이 돌을 빼앗아 런던의 웨스트민스터사원으로 가져갔다. 이후 운명의 돌은 대대로 영국 국왕의 대관식에서 옥좌로 사용되었다. 그 뒤 스코틀랜드인들은 이 굴욕을 되갚기 위해 몇 번이나 탈환을 시도했지만 실패로 끝나고 말았고, 그때마다 스코틀랜드의 독립 문제가 수면 위로 부상했다. 결국 운명의 돌은 1996년 블레어 정권 때 700년 만에 스코틀랜드로 반환되었다. 이처럼 운명의 돌은 오랜 역사와 깊은 사연이 담긴 성스러운 돌이다.

현재 이 돌은 에든버러성에 보관되어 있다. 반환 조건 중에 "향후에도 영국 군주의 대관식에서 옥좌로 사용한다"는 조항이 있어서, 차기 영국 국왕의 즉위식 때 웨스트민스터사원에 대여될 것인지 은근히 주목받고 있다(운명의 돌은 2023년 5월에 열린 영국 국왕 찰스 3세의 대관식에서 옥좌로 사용되었다—편집자).

대관식 옥좌와 운명의 돌.

잼이 먼저냐 크림이 먼저냐 스콘 논쟁

스코틀랜드가 시초인 스콘은 '운명의 돌' 전설과도 복잡하게 얽혀, 스콘을 먹을 때의 매너에까지 영향을 미치고 있다.

그중 하나는 '스콘을 먹을 때 나이프로 자르면 안 된다'는 규칙이다. 신성한 스콘에 칼을 대는 것은 신에 대한 모독에 해당하는 불경한 행동이라는 이유에서다.

매너에서 나타나는 세대 차이

스코틀랜드의 시골 마을에 있는 한 티 룸에서 스콘을 나이프로 자르는 젊은이에게 연배가 있는 어르신이 타이르는 광경을 본 적이 있다. 그때, 에티켓을 단순히 지식으로 외우는 것이 아니라, 왜 그런 매너가 생겨났는지 그 배경을 아는 것이 중요하다는 사실을 깨달았다.

하지만 출신지에 따라서 사고방식은 다르다. 잉글랜드 출신인 나의 선생님에 따르면, 그것은 어디까지나 스코틀랜드의 방침이라고 한다. 잉글랜드, 스코틀랜드, 웨일스, 북아일랜드의 4개국으로 이루어진 영국에는 다양한 입장과 사고방식이 존재하며, 지금은 그렇게까지 까다롭게 말하는 사람도 없다고 한다.

실제로 스콘을 먹는 방법은, 스콘을 손에 들고 위아래 두 조각으로 나누는 것이다. 잘 구워진 스콘은 '여우의 입'이라 불리는 모양을 하고 있어서 가운데를 손으로 눌러서 들어 올리면 균등하게 나뉜다. 왼손으로 스콘을 들고 잼과 클로티드 크림을 발라서 즐기면 금상첨화다.

클로티드 크림은 영국에서 기원전부터 만들어온 전통 크림으로, 농후한 우유의 윗부분에 떠 있는 액체를 딱딱하게 굳혀서 만든다. 특히 스콘을 먹을 때 단짝 친구처럼 떼어놓을 수 없는 존재다.

스콘에 클로티드 크림과 잼을 바르는 순서에 대해서는 홍차에 우유를 넣는 순서와 마찬가지로 논쟁이 끊이질 않는다.

하지만 홍차와 달리, 스콘은 계급이 아닌 산지에 따라 바르는 순서에

성스러운 돌에 나이프를 집어넣지 마라!

코니시 스타일(왼쪽)과
데본셔 스타일(오른쪽).

서 차이를 보인다. 클로티드 크림의 산지는 서쪽에 위치한 교외 마을인 데본주와 콘월주다. 잼을 먼저 바르는 것이 '코니시 스타일(Cornish Style)', 크림을 먼저 바르는 것이 '데본셔 스타일(Devonshire Style)'이다. '크림 티'라 부르는 교외 부근에서 즐기는 메뉴(큼직한 스콘 두 개와 클로티드 크림, 잼, 티포트 하나 분량의 홍차)도 이 지역에서 처음 시작된 것이다.

영국의 로열패밀리는 잼을 먼저 발라서 먹는다고 한다. 스콘은 갓 구운 상태로 따뜻하게 제공되기 때문에 열기로 크림이 녹는 것을 방지하기 위해서라는데, 일각에서는 찰스 3세의 왕세자 시절 칭호였던 콘월공작과 관계가 있을 것이라는 억측도 있다(콘월공작이라는 칭호는 대대로 영국의 왕세자가 겸하고 있다. 현재 콘월공작은 윌리엄 왕세자다—편집자).

크림먼저파(creamfirst) vs. 잼먼저파(jamfirst)

로열패밀리가 스콘을 먹을 때 잼과 클로티드 크림 중에 어떤 것을 먼저 바르는지는 관심의 표적이다. 이에 따라 SNS가 뜨겁게 달아올라 왕실홍보관에서 코멘트를 발표할 정도다. 인스타그램에서 널리 퍼지고 있는 #creamfirst와 #jamfirst 사이의 싸움도 티타임을 무르익게 하는 화제 중 하나다.

애프터눈 티와 하이 티
이것이 다르다

애프터눈 티와 혼동하기 쉬운 티타임 중에 '하이 티'가 있다. High라는 단어 때문에 애프터눈 티보다 더 격이 높은 티타임일 것이라 착각하기 쉬운데, 이 둘은 격보다는 '스타일'에서 차이가 있다.

하이 티는 19세기, 북잉글랜드의 공업지대와 스코틀랜드의 농촌지역에서 시작된 캐주얼한 티타임 문화다. 노동을 마치고 귀가하는 남성들을 기다렸다가 오후 5시 무렵부터 온 가족이 따뜻한 홍차와 함께 먹는 식사 스타일을 가리킨다.

하이 티 문화가 널리 퍼지게 된 배경에는 '절대금주주의운동'이 있다. 영국 왕실은 일을 마치고 집으로 돌아가는 길에 펍으로 직행하는 남성들

의 습관을 끊어내기 위해 펍의 영업시간을 규제했다. 일찌감치 집으로 돌아가 빅토리아 여왕의 초상화가 장식된 다이닝 룸에서 일가족이 모여 저녁을 먹는 것을 장려한 것이다. 이런 하이 티에는 고기 요리가 포함되어 있어서 '미트 티(Meat Tea)'라고도 불렸다.

하이 티의 어원은 등받이가 있는 의자를 의미하는 '하이백 체어(High Back Chair)'와 식사용 '하이 테이블(High Table)'에서 유래했다. 하이 티와 달리 낮은 테이블에서 갖는 애프터눈 티를 '로 티(Low Tea)'라 표현하기도 한다.

애프터눈 티와 비교했을 때 하이 티는 메뉴도 전혀 다르다. 햄처럼 열

진화하는 하이 티 스타일

요즘에는 오페라나 뮤지컬 공연을 시작하기 전에 먹는 가벼운 디너로 호텔이나 레스토랑에서 하이 티를 제공하는데, 샴페인과 페어링한 샴페인 하이 티 메뉴가 인기 있다. 풀코스 식사와 비교했을 때 시간과 양이 반 정도밖에 되지 않아 부담이 없어서 비즈니스 자리에서도 활용되고 있다.

을 가하지 않은 차가운 음식에 코티지 파이 같은 가정식 요리, 따뜻한 채소와 브라운 브레드 그리고 푸딩 같은 디저트를 더해 술이 아닌 홍차와 함께 먹는다.

콧수염 절대 지켜!
영국 신사의 애용품
머스타시 컵

영국 신사들의 트레이드마크 하면 무엇이 생각나는가?

영국 신사 하면 실크 모자를 쓰고 콧수염을 기른 모습이 떠오른다.

애프터눈 티가 크게 유행했던 빅토리아 시대, 콧수염은 신사를 나타내는 증표였다. 그 당시 인플루언서였던 빅토리아 여왕의 남편 알버트 공의 영향으로 귀족뿐 아니라 노동자계급에서까지 남성미가 흐르는 콧수염이 트렌드처럼 널리 퍼졌다.

그런데 이런 남성들을 고민에 빠뜨린 것이 바로 티타임이었다. 홍차를 마실 때 정성스레 왁스를 바르고 정돈한 자랑스러운 콧수염이 홍차에 젖어 흐트러져버렸기 때문이다.

영국제 머스타시 컵.

신사들의 고민을 들은 영국인 도예가 하비 애덤스(Harvey Adams)는 19세기 중반 '머스타시 컵(Mustache Cup)' 🐾을 고안해냈다. 얼핏 평범한 컵처럼 보이지만, 안쪽에 수염을 보호하는 커버가 붙어 있어 콧수염이 젖는 걸 방지한다.

이 컵은 나오자마자 인기를 끌며 순식간에 영국 전역으로 퍼져 나갔다. 그러자 여성과 함께 애프터눈 티에 동석할 수 있도록 부부용 다완 느낌의 커플 찻잔 세트(Pair cup), 공사 현장에서 일하는 콧수염을 기른 남성들을 위해 홍차 두 잔은 족히 들어가는 크기의 빌더스 컵(Builder's Cup) 등

🐾 콧수염 때문에 생기는 고민은 세계 공통이었다. 영국뿐 아니라 독일의 마이센, 프랑스의 리모주, 일본의 노리다케와 같은 명품 도자기들도 머스타시 컵을 제조하기 시작했다. 자포니즘 붐을 방불케 하는, 호화찬란한 금박을 입힌 올드 노리다케 머스타시 컵은 이제는 수집가들의 귀중한 아이템이 되었다.

다양한 컵이 등장하기 시작했다.

애덤스는 이렇게 참신한 아이디어에서 탄생한 히트 상품 덕분에 일찌감치 은퇴해서 유유자적한 생활을 보냈다고 한다. 앤티크숍의 한 귀퉁이에서 머스타시 컵을 만난다면, 홍차를 즐기는 신사의 모습을 상상하며 차세대의 트렌드가 될 만한 아이디어를 떠올려보면 어떨까.

서로 닮은 일본의 다도와
영국의 애프터눈 티

일본의 다도와 영국의 애프터눈 티는 얼핏 정반대의 성격을 가진 것처럼 보이지만, 사실 이 둘은 많이 닮아 있다. 그도 그럴 것이 영국의 공식적인 티 세리머니는 일본의 '차'와 신비로운 의식인 '차노유'에 대한 동경에서 시작된 영국식 다도이기 때문이다.

일본의 다사(茶事)와 영국의 티 세리머니를 간단히 비교해보자.

차노유와 애프터눈 티는 모두 '대접하는 마음'에서 비롯된다. 전통적인 애프터눈 티 문화는 다사와 마찬가지로, 자신의 집에 손님을 초대하고 계절과 주제에 맞게 준비한 장식과 함께 진심을 다해 손님을 맞이해서 대접하는 것이다. 드로잉 룸이나 다실에 모여 서너 시간 동안 차와 음

	영국	일본
형식	드로잉룸에 손님을 초대해 진심을 다해 대접한다.	다실에 손님을 초대해 진심을 다해 대접한다.
좌석 순서	손님은 제1주빈, 제2 주빈, 제3주빈의 순서로 앉으며, 제1주빈이 가장 상석에 앉는다.	손님은 정객, 차객, 삼객의 순서로 앉으며, 정객이 가장 상석에 앉는다.
손님의 수	티 세리머니의 진행을 돕는 역할을 하는 사람을 포함해 총 5명 정도.	다도의 진행을 돕는 역할을 하는 사람(오초메)을 포함해 총 5명 정도.
초대	주최자가 직접 쓴 초대장을 보내고, 티 세리머니의 테마에 맞는 장식을 해서 손님을 맞이한다.	손님을 대접하는 주인이 두루마리 종이에 직접 쓴 안내장을 보내고, 자신의 취향을 바탕으로 한 장식과 도구를 준비해 손님을 맞이한다.
내용	샌드위치, 스콘, 페이스트리를 메인으로 하는 티 푸드와 이에 맞게 페어링한 몇 가지 홍차로 이루어진 풀코스 구성으로, 세 시간가량을 함께 즐기는 세리머니.	차를 내놓기 전에 내는 간단한 음식, 메인 과자, 농차, 마른 과자, 박차 등의 풀코스 구성으로, 네 시간가량을 함께 즐기는 의식.

〚 애프터눈 티와 다도의 비교 〛

식을 함께하는 체험은 거리감을 좁혀 친밀한 대화를 가능하게 한다.

일본의 다도와 영국의 애프터눈 티는 한잔의 차를 단순히 물질로 받아들인 것이 아니라, 그 근간을 이루는 정신에도 초점을 맞췄다. 17세기, 유럽 전역에 차 붐이 일어났을 때 네덜란드인과 프랑스인은 '음료로서 차의 효능'에 매료되었던 반면, 영국의 왕족과 귀족들은 일본의 차노유 정신인 '대접하는 마음'에도 흥미를 느꼈던 것이다.

한편, 일본의 다도가 유럽에 전파된 배경에는 모모야마 문화가 꽃을 피우고 차노유가 황금시대를 맞이했던 시기에 일본을 방문한 기독교 선교사와 통역사의 존재가 있었다. 그들은 일본에서 다이묘와 무사, 상인들이 차노유에 막대한 사재를 쏟아붓는 모습을 보고 놀랐는데, 거기에 뭔가 특별한 이유가 있을 것이라 여기고 원인을 알기 위해 노력했다.

그중에서도 포르투갈에서 온 예수회의 주앙 호드리게스(João Rodrigues)는 일본의 '차노유 문화'에 감동해 평생에 걸쳐 그 본질을 탐구했다. 어째서 좁은 다실의 작은 출입문(니지리구치)으로 몸을 숙이고 들어가는지, 어떻게 신분이 다른 사람들이 한잔의 차를 함께 나눌 수 있는지 등에 대해 도요토미 히데요시나 도쿠가와 이에야스 그리고 많은 다이묘와 사카이(일본 오사카만에 면해 있는 도시—옮긴이)의 상인들과 만나 이야기를 나누며 깊은 이해를 했다고 한다. 그리고 서양인의 눈으로 본 일본의 차노유를 유럽에 전파했다.

- 전국 시대에 다실의 작은 출입문은 일상과 비일상의 경계다. 작은 입구를 지나가기 위해서는 갑옷과 투구, 칼도 모두 버려야 한다.

- 머리를 숙이고 들어간 다실의 공간은 주종관계를 벗어난 대등한 입장이다.
- 단 한 모금의 차를 위해 주인은 손님을 공경하고, 공간을 아름답게 꾸미며, 취향을 담은 도구를 갖춰 세세한 곳까지 진심을 다한다.
- 지위와 신분을 초월해 서로 존중하고 '일기일회(一期一會, 지금 이 순간은 생애 단 한 번의 시간이며, 지금 이 만남은 생애 단 한 번의 인연이라는 의미—옮긴이)'의 정신으로 주인과 손님 모두 마음을 주고받는다.

이렇게 그는 대접하는 마음을 응축한 것이 차노유 문화라는 사실을 치밀하게 책으로 기록했다.

이처럼 신비로운 차의 정신에 큰 문화충격을 받은 이들은 영국의 귀족들이었다. 중세 시대에 이탈리아와 프랑스에서는 식기를 사용해 식사하는 문화가 뿌리를 내리고 있었는데, 영국에서는 여전히 식사할 때 손으로 집어 먹는 것이 일반적이었다. 세련된 식탁 예절에 대해 알게 되고 일본의 대접하는 문화에 감명받은 귀족들은 차의 정신을 대화의 수단으로 활용해 영국식 환대를 모색하기 시작했다. 그리고 이것은 머지않아 영국의 독자적인 애프터눈 티 문화로 성장했다.

애프터눈 티를 아는 것은 그 원류인 일본의 다도를 아는 것으로 이어진다. 아득한 옛날, 이미 영국인과 일본인의 정신은 찻잔 속에서 교차되고 있었던 것이다.

티 매너가 사람을 완성한다

매너를 중시하는 영국에는 "예법은 사람을 완성한다"라는 말이 있다. 영국에서는 아무리 깊은 학문을 공부했다고 해도 예절이 몸에 배어 있지 않으면 사회에서 좋은 평가를 받을 수 없다고 여긴다. 그래서 교양의 일환으로 학교에서도 매너를 가르치고 있다.

일본에서도 다도를 수업에 도입하는 학교가 있지만, 영국에서는 실제 학교생활 안에 티타임이 포함되어 사교를 위한 예법과 질서를 배우기

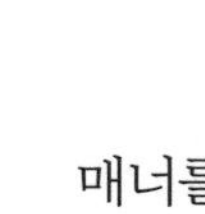

영국 명문 학교들의 매너 수업

영국의 전통 있는 엘리트 양성 학교인 퍼블릭 스쿨, 명문 대학인 옥스퍼드와 케임브리지에서도 포멀 디너(Formal Dinner) 시간을 통해 학생들에게 품격 있는 테이블 매너를 가르친다.

때문에 보다 실천적이다.

계급사회인 영국에서는 좋든 싫든 사람들의 머릿속에 계급탐지기가 내재해 있어서 처음 사람을 만나면 무의식적으로 작동한다고 한다. 이때 매너는 그 사람이 성장한 배경과 지적인 센스를 나타내는 계급지표가 된다.

매너에 관해 덧붙여 말하자면, 일본의 다도에는 유파(流波)가 있어 작법이나 동작이 조금씩 다른데, 영국의 티 매너에도 계급과 지역에 따라 차이가 있다. 그러나 이는 어떤 것을 하면 안 된다거나 하는 규칙이 아니므로 정답도 오답도 없다. 그래서 더욱 품성이 중요한 것이다.

다도도 마찬가지지만, 정식 작법을 배우지 않아도 차를 즐길 수는 있다. 하지만 작법을 모르는 경우, 주위에 불쾌감을 주거나 틀릴까 봐 불안한 마음이 행동에 나타나기도 한다. 따라서 어떤 상황에서든 당당하게 행동할 수 있도록 작법을 배우면 자신감을 키우는 데도 도움이 된다. 어떤 것에도 흔들리지 않는 마음과 당당한 행동은 사람에게 신뢰감을 주기 마련이다.

매너는 환대와 같다. 배려하는 마음을 겉으로 나타낸 것이다. 한 테이블에 둘러앉은 사람에 대한 배려를 잊지 않고 기분 좋은 시간과 공간을 공유하겠다는 마음을 가지면, 분명 상대방에게도 그 마음이 전해진다. 그리고 그 마음은 다시 나에 대한 환대로 되돌아온다. 품격 있는 매너를 지닌 사람이 되자. 매너는 기회를 불러오고, 그 기회가 쌓여 내실 있는 인생을 만든다.

Plus Chapter

이처럼 우아하게

애프터눈 티 옷차림

반드시 정장을 입을 필요는 없다

좋든 싫든 옷차림에는 그 사람의 됨됨이 드러나기 마련이다. 그 옛날 동인도회사의 브로커들은 비즈니스를 시작하기 전에 옷매무시부터 가다듬었다. 복장은 상대방에 대한 경의를 표시하는 것이어서 환대의 의미로 간주했기 때문이다. 이를 보면 어느 시대나 '겉으로 보이는 인상이 중요하다'는 생각에는 변함이 없는 것 같다.

국제 매너에는 드레스 코드라는 복장 규정이 있다. 애프터눈 티의 경우에는 어떤 드레스 코드를 따라야 할까.

보통 공식적인 자리에서 남성은 예복인 모닝 드레스(격식을 많이 갖추는 경우에 입는 남성 예복—옮긴이)를, 여성은 애프터눈 드레스를 입는데, 그 정도의 정장은 영국 왕실이나 대사관의 티파티에 초대받은 경우가 아니라면 굳이 입지 않아도 무방하다.

격조 높은 호텔 중에는 드레스 코드가 있는 곳도 있다. 하지만 21세기인 오늘날, 신사 숙녀의 나라라 불리는 영국에서조차 엄격한 복장 규정이 없는 '인포멀한' 곳이 늘어나고 있다. 남녀 모두 일반적인 비즈니스 슈트라 해도 TPO에 맞게 입으면 전혀 문제가 되지 않는다.

'인포멀'이라는 말에는 '각자의 판단하에 적절한 복장을 선택하라'라는 메시지가 함축되어 있다. 그래서 더욱 그 자리에 어울리도록 지성미를 갖춘 점잖은 복장이 중요하다. 이러한 복장이 몸의 소양, 즉 몸가짐으로 이어지기 때문이다.

복장과 홍차가 무슨 관계가 있냐고?
티타임이나 애프터눈 티를 즐길 때
옷차림은 떼려야 뗄 수 없는 존재야.

check!

애프터눈 티에 어울리는 옷차림

Man

넥타이

넥타이에 규정은 없지만, 어떤 색상과 무늬를 선택하느냐에 따라 인상이 달라질 수 있다. 스트라이프 무늬가 들어간 레지멘털 타이를 선택할 때는 특히 주의가 필요하다.

복장

전통적으로 재킷과 타이를 착용하는 것이 바람직하며, 어두운 색상의 슈트를 선택하는 것이 좋다.

구두

구두는 인격을 나타낸다. 외출 전에 확실하게 닦아놓자.

넥타이 스트라이프에 주의하자!

레지멘털 무늬의 시초는 16세기 영국 군대로, 당시 소속된 연대군기와 같은 무늬의 타이를 매는 것이 충성을 표시하는 방법이었다. 그 영향으로 현재까지도 레지멘털 무늬가 출신 대학이나 소속된 조직을 나타내는 정체성이 되기도 한다. 참고로, 영국식 레지멘털 타이는 정면에서 봤을 때 스트라이프 방향이 오른쪽을 향해 올라가고, 미국식 레지멘털 타이는 스트라이프 방향이 오른쪽을 향해 내려간다.

Woman

액세서리

심플하면서 차분한 오피스 슈트의 경우에는 스카프나 액세서리와 같은 소품을 활용해 TPO에 맞게 연출한다.

복장

애프터눈 드레스에 준하는 복장으로, 깨끗한 느낌을 주는 슈트나 원피스 등을 입어 시크한 느낌이 나게 연출한다. 피부 화장은 한 듯 안 한 듯 연하게 표현한다.

향수

홍차는 섬세한 향을 즐기는 음료이므로 향수는 삼가는 것이 매너다.

자신은 느끼지 못하는 헤어크림이나 에센스 등의 향도 다른 사람에게는 견디기 힘든 강한 향이 될 수 있으므로, 주위 사람들에 대한 배려를 잊지 말자.

구두

격식 있는 자리에서는 샌들이나 부츠 등을 피한다. 얇은 스타킹에 굽이 있는 힐을 매치하면 우아한 느낌이 난다.

비즈니스 슈트, 언제부터 입었을까?

영국의 빅토리아 시대에 비즈니스 슈트가 탄생했다. 19세기 중반까지 귀족 남성이 격식 있는 자리에서 몸에 걸치는 것은 테일코트(연미복)나 모닝코트 같은 복장이었다. 한편, 라운지에서 휴식을 취하거나 스포츠를 하는 캐주얼한 경우에는 연미복의 답답한 꼬리 부분을 짧게 자른 라운지 재킷을 착용했다.

가볍고 착용감이 좋은 상의가 신사들 사이에서 인기를 끌면서 같은 천으로 바지도 만들었는데, 이것이 '라운지 슈트'라 불리며 비즈니스맨 사이에서 널리 퍼져 나갔다.

이 라운지 슈트가 문명개화의 시기에 일본에 들어와 '세비로(양복—옮긴이)'라는 이름으로 불렸다. 세비로가 신사복 전문점이 늘어선 런던 거리의 이름인 '세빌 로(Savile Row)'에서 유래했다는 재미난 이야기도 전해지고 있다.

드레스 코드의 완성은 구두와 소품

남성 여성 할 것 없이 옷차림의 품격을 좌우하는 것은 구두다. 드레스 코드의 완성은 구두라는 말이 괜히 있는 게 아니다.

회사에 출근할 때, 출장을 갈 때, 일상 속에서 나를 지탱하기 위해 수고하는 구두는 말하자면 비즈니스 파트너라 할 수 있다. 구두의 선택, 구두를 손질하는 방법 그리고 구두를 코디하는 방식에는 그 사람의 성품이 드러나기 마련이다.

특히, 집 안에서 신발을 신은 채 생활하는 문화를 가진 나라에서는 구두에 대한 의식이 강한 편이다. 낡은 것을 소중히 여기는 영국에서는 '구두는 길들이는 물건'이라고 생각한다. 질이 좋은 진짜 가죽으로 만든 구두를 선택하고 애착이 가는 도구를 사용해서 감사의 마음을 담아 매일 손질한다. 구두를 닦으면서 자신의 마음도 닦는다고 생각한다.

구두뿐 아니라 에티켓을 지키기 위해 목제 슈 키퍼(구두 모양을 보존하기 위해 구두 속에 넣는 나무나 플라스틱의 모형—옮긴이)로 모양을 잡은 다음, 이틀 정도는 빼놓았다가 다시 모양을 잡아주기를 반복한다. 이렇게 정성껏 길들인 구두는 부드럽고 발에도 편하며 그윽한 멋이 풍겨 나온다. 오래 신어 길들인 가죽과 거기에 생긴 주름이 주는 멋스러움까지, 이는 마치 마땅히 그래야 하는 인간의 모습을 나타내는 듯하다.

한편, 완벽한 옷차림을 하고도 뜻밖의 실수를 범하는 것이 가방이나 우산 같은 소품이다. 아무리 옷차림을 완벽하게 갖추었더라도 일회용 비닐우산이나 오래 써서 너덜너덜해진 종이 쇼핑백을 들고 있으면, 품격 있는 패션이라고 할 수 없다.

최근에는 자외선을 방지하기 위해 양산을 들고 다니는 사람이 늘고 있다. 우산이나 양산을 소중히 다루는 사람은 그것을 펼 때의 모습이나 든 모습 그리고 접는 모습에서도 기품이 느껴진다.

애프터눈 티가 유행했던 19세기, 상류계급의 귀부인들은 반드시 양산을 몸에 지니고 다녔다. 양산은 패션이기도 하면서 동시에 계급을 나타내는 지표였기 때문이다. 엘리자베스 2세도 가든파티에 참석할 때는 드레스, 구두, 양산까지 모든 것을 코디했다고 한다.

구두는 역시 중요한 것

호텔의 도어맨이 손님을 구분할 때 제일 먼저 구두를 체크한다는 사실은 유명한 이야기다. 실제로 유럽의 최고급 호텔에서는 캐주얼한 신발을 신고 있는 손님에게 문을 열어주지 않고 조용히 거절하는 경우도 있다.

소품까지도 신경을 쓰는 것이 품격 있는 스타일을 완성하는 비밀이다. 애프터눈 티에 참석할 때뿐 아니라, 평소에도 기품 있는 옷차림에 살짝 포인트를 주는 센스를 발휘해보자.

티타임이 즐거워지는 특선 도구 7

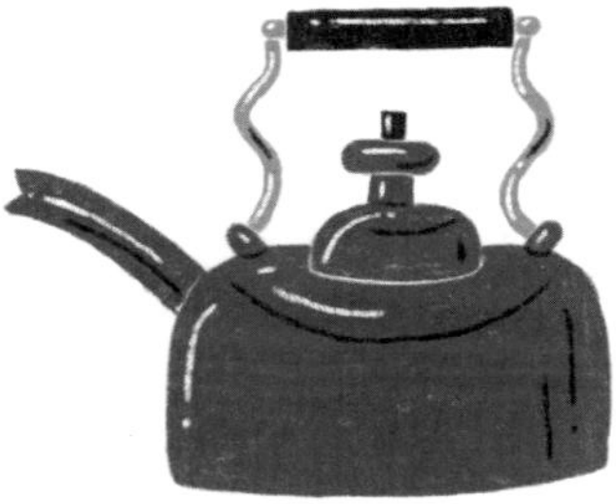

1 주전자 Kettle

홍차 맛을 결정하는 것은 끓인 물! 내가 애용하는 주전자는 동으로 만든 케틀이다.

2 티 포트 Tea Pot

점핑이 잘될 수 있도록 동그란 모양을 한 서양배 모양의 포트가 이상적이다.

3 찻잔 Tea Set

홍차와 커피는 마시는 컵의 모양이 다르다. 구분해서 쓰는 것이 좋다.

4 티코지&매트
Tea Cozy & Mat

티 코지(보온용 티 포트 덮개)와 매트가 꼭 필요할까 싶지만, 머스트 해브 아이템이다.

5 티스트레이너
Tea Strainer

티 스트레이너(차 거름망)는 분위기와 상황에 맞게 선택한다.

6 티 계량스푼
Measuring Teaspoon

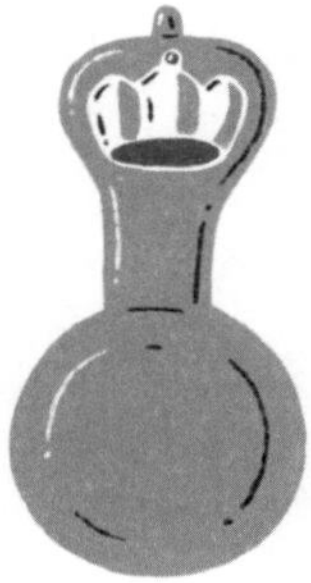

찻잎을 계량할 때 쓰는 전용 스푼은 한 개 정도 가지고 있으면 좋다.

7 모래시계
Sandglass

모래시계의 모래가 내려가는 모습을 바라보는 것만으로도 힐링이 된다.

그 옛날, 영국 상류계급의 사람들은 학문의 마지막 완성을 위해 그랜드 투어(Grand Tour)라는 긴 여행을 떠났다. 이 여행은 귀족들의 수학여행이었다. 이 책을 쓰면서 왠지 21세기의 그랜드 투어로 티로드를 다녀온 것 같은 기분이 들었다.

지난 20년간 나는 차 전문가로서 차에 관한 수업을 하며, 책과 미디어를 통해 삶을 즐기는 예술의 일환으로 홍차를 전파하기 위해 노력해왔다. '홍차의 세계를 잘 모르는 사람에게도 홍차의 매력을 전하고 싶다'는 내 작은 소망은 이번 여행을 시작하게 된 계기였다. 그리고 결과적으로 홍차의 심오함을 스스로 재확인하는 기회가 되었다. 홍차를 공부하는 것은 차를 공부하는 것이며, 나아가 세계를 아는 것임을 다시금 실감했다.

5,000년에 이르는 차의 역사는 예로부터 전해 내려오는 전설에서 시작되었으며, 수많은 일화가 반드시 역사적 사실에 근거한 것이라고는 할 수 없다. 하지만 모든 이야기의 이면에는 진실이 숨어 있기도 하다. 그러므로 이 책을 읽다가 의문이 생기거나 더 깊이 알고 싶은 부분이 있다면, 다양한 각도에서 공부해나가기를 추천한다. 이 책을 통해 홍차에 관한 지식과 교양을 쌓고, 이를 여러분의 일과 인생에 적극 활용하게 되길 진

심으로 바란다.

마지막으로 이 책이 출판되기까지 힘써준 PHP연구소의 오스미 겐 편집장님, 편집팀 여러분, 소니에서 일하던 시절 도움을 주었던 상사와 동료들, 홍차 교실을 응원해준 여러분 그리고 이 책을 통해 만나게 된 사람들에게 마음속 깊이 감사한다.

한잔의 차를 통해 한 명이라도 더 많은 사람에게 행복한 시간과 미소가 닿을 수 있기를.

"Peace and happiness through a cup of tea!"

후지에다 리코

참고 문헌

- GGascoyne, Kevin and others, *Tea: History Terroirs Varieties.*
- Heiss, Mary L., and Robert J. Heiss, *The Story of Tea: A Cultural History and Drinking Guide.*
- Huxley, Gervas, *Talking of Tea: Here is the whole fascinating story of tea.*
- Pettigrew, Jane, *Jane Pettigrew's World of Tea: discovering producing regions and their teas.*
- Pettigrew, Jane and Bruce Richardson, *A Social History of Tea: Tea's Influence on Commerce, Culture & Community.*
- Stella, Alain and other, *The Book of Tea.*
- Ukers, William H., *All About Tea.*
- Ukers, William, *The Romance of Tea: Tea & Tea Drinking Through Sixteen Hundred Years.*
- 荒木安正《紅茶の世界》(柴田書店)
- 今井けい《イギリス女性運動史—フェミニズムと女性労働運動の結合》(日本経済評論社)
- ウォルター・アイザックソン《スティーブ・ジョブズⅠ&Ⅱ》井口耕二訳(講談社)
- 大森正司《おいしい〈お茶〉の教科書—日本茶・中国茶・紅茶・健康茶・ハーブティー》(PHP研究所)

◆ 岡倉天心《茶の本》桶谷秀昭訳(講談社学術文庫)
◆ 小池滋,アンディ·キート他《紅茶の楽しみ方》(新潮社)
◆ サラ·ローズ《紅茶スパイ—英国人プラントハンター 中国をゆく》築地誠子訳(原書房)
◆ ジューン·パーヴィス《ヴィクトリア時代の女性と教育—社会階級とジェンダー》香川せつ子訳(ミネルヴァ書房)
◆ 谷口全平,徳田樹彦《松下幸之助—茶人·哲学者として》(宮帯出版社)
◆ 角山栄《茶の世界史—緑茶の文化と紅茶の社会》(中公新書)
◆ 出口保夫《英国紅茶の話》(東書選書)
◆ ティーピッグズ,ルイーズ·チードル他《世界の茶文化図鑑—The Book of Tea》(原書房)
◆ 春山行夫《紅茶の文化史》(平凡社)
◆ ビアトリス·ホーネガー《茶の世界史—中国の霊薬から世界の飲み物へ》平田紀之訳(白水社)
◆ 藤枝理子《英国式5つのティータイムの愉しみ方》(清流出版)
◆ 藤枝理子《英国式アフタヌーンティーの世界—国内のティープレイスを訪ねて探る,淑女紳士の優雅な習慣》(誠文堂新光社)
◆ ヘレン·サベリ《世界のティータイムの歴史》村山美雪訳(原書房)

이렇게나 재미있는 홍차

1판 1쇄 인쇄 2024년 9월 9일
1판 1쇄 발행 2024년 9월 30일

지은이 후지에다 리코
옮긴이 김민정

발행인 황민호
본부장 박정훈
외주편집 김기남
기획편집 신주식 강경양 최경민 이예린
마케팅 조안나 이유진 이나경
국제판권 이주은 김준혜
제작 최택순

발행처 대원씨아이㈜
주소 서울특별시 용산구 한강대로15길 9-12
전화 (02)2071-2094
팩스 (02)749-2105
등록 제3-563호
등록일자 1992년 5월 11일

ISBN 979-11-7288-629-5 03590